「建設業界」
×
「不動産業界」
×
「住宅業界」

Innovate for Redesign

～産業構造を変革し、次世代型ビジネスの実現を～

株式会社リブ・コンサルティング
パートナー　篠原健太

プレジデント社

はじめに

いまこそ、未来を創造する〝産業構造のリデザイン〟を

東京タワーの展望デッキから眺める東京の景色。私の目には、この広大な土地すべてが不動産に映り、その上にマンションやオフィスビル、商業施設、戸建て住宅などが建てられ、そこでさまざまなビジネスが行われ、また人々の暮らしがあり、そうして日本経済がダイナミックに動いているのだなと実感させられます。

そして自分が立っているこの東京タワー自体の建築物としての凄みを感じるとともに、その完成に当時の日本は新たな未来を見ていたのだろうと感じるのです。

日本のGDP（国内総生産）に占める、建設、不動産、住宅の3つの業界を合わせた数字は、約22％になります。

日本経済を支えるこの巨大産業は、いま「変革のタイミング」を迎えています。これまでに積み上げられた歴史と産業構造は、現代においては限界を迎えているのです。

私が10年近くこの3つの業界でコンサルティング業務に携わっている中で感じること

は、残念ながらこの業界は変革があまり得意ではないということです。ただ、日本経済の屋台骨ともいえるこの3つの産業が発展していかない限り、日本の国力そのものが今後さらに低下していくのではないかと、危惧しています。

一方、「VUCA（変動性・不確実性・複雑性・曖昧性）」の時代といわれ、先行きが予測不可能な現代においては、あらゆる産業界で大きな変革が起きています。

たとえば、自動車産業は「100年に一度の変革期」にあるとされ、自動運転、EV（電気自動車）、コネクテッドカーなどイノベーションが次々と生まれているのです。そしてそこには電気やIT、情報通信、金融などさまざまな異業種が入り込み、協力し合って革新的なモノやサービスを創出しています。

ひるがえって、建設業界、不動産業界、住宅業界はどうでしょうか。

そうしたイノベーションは、ほとんど生まれず、産業界全体が推進するDX（デジタル・トランスフォーメーション）やGX（グリーン・トランスフォーメーション）でも、ほかの産業に大きく後れを取っています。

その背景の一つとして、建設、不動産、住宅という3つの業界は非常にドメスティックな業界環境であり、グローバル競争にほとんどさらされてこなかったということがあるでしょう。

これは日本に限った話ではありません。業界特性上、土地・建物を基軸とした業界においては、トヨタやソニー、ファーストリテイリングといったグローバルプレイヤーは生まれないのです。特に日本は島国でもあるため、諸外国との土地の近接性もなく、さらに孤立しています。実際、発展途上国に対して技術や資本力を投入する程度にとどまっています。

そのため、戦後からこれまでの歴史の中でつくり上げられた業界特有のルールや商慣習などがいつまでも残り続けています。

明治初期から「仲介・管理」を中心に形づくられた不動産業や、戦後の建設ラッシュを受けて隆盛した建設業は、これまでの日本の成長を間違いなく支えていたでしょう。ところが、ここには現代ではもはや通用しない、歪みやいびつな構造といったものが業界内に深く根を下ろしているのです。

日本は少子高齢化で人口減少社会に突入しています。ドメスティックな業界とはいえ、縮小する国内市場での競争は激化する一方です。社会環境が大きく変化する中で、これまでと同じ戦い方だけでは通用しなくなってきています。また私は、いままで業界における各社の経営全般に携わってきました。だからこそ、業界の大きな構造課題自体は、業界内の一個社では到底変えることができるものではなく、変革を進めようとする企業があったとしても、「大きな壁」を感じざるを得ないのです。

私は、サステナブルな経営が求められる現在、そうした古い、いびつな業界構造を「リデザイン」、つまり再設計していくことが重要だと考えています。すべてを頭ごなしに否定するのではなく、いままで紡がれてきた想いをしっかりと受け止めて、これまでにつくり上げられてきたものを、全般的にアップデートしていく。そうしなければ業界は持続可能性を失い、このまま衰弱していくのではないかと強く考えています。

そして、リデザインを実現するためには、多くのイノベーションが求められます。各業界が懸命に努力するのはもちろんのこと、自動車業界のように他の産業とも積極的に協創関係を築いていくオープンなイノベーションが必要です。

実際に、建設、不動産、住宅の各市場にも業界外からさまざまな新しいソリューションやサービスが参入してきています。こうした外部の方々にも、3つの業界にもっと目を向けていただき、互いに協創をしながら、ともに変革を広げていくように動いていただきたいと考えるのです。

課題が山積みであるからこそ、そこにはビジネスチャンスがたくさん存在していま す。だからこそ私は、そこに業界の関係者すべてに着目いただき、さらに外部の企業とも連携をしながら変革を展開する、そんな活動を進めてきました。

私たちリブ・コンサルティングは、創業当初から、建設、不動産、住宅業界の各企業、中小から大手まで多くの企業のご支援に携わらせていただいています。

その中で強く感じていることは、この3つの業界を持続可能で、発展の可能性がある産業構造に変えていかないと、次世代に自信を持ってバトンをパスできないということです。

そこで本書では、いままでの活動の中で我々が抱いてきた建設、不動産、住宅の各業界が抱える課題、その解決策、展望について述べていきたいと思います。

Chapter01では、まず、この3つの業界が前へと進む際の「壁」になっていることについて言及します。すでに業界に対して理解がある方は、読み飛ばしていただいて構いません。

そしてChapter02では「建設業界」がアップデートするために必要となる考え方と

行動を、Chapter03では「不動産業界」が実践すべき戦略と戦術を、さらにChapter04では「住宅業界」が生き残り、発展していくためにすべきことを、私なりに提案していきたいと考えています。

また、Chapter05では、これら3つの業界が、今後、ビジネスとして本格的に挑戦すべき「地方創生」について、その歩むべき道を示唆していきます。

「Innovate for Redesign」「業界構造を再設計する」「そのために多くのイノベーションを生み出す」。

これが、本書で語るキーワードになるでしょう。コンサルタントとして、長年、3つの業界に関わる私が、「若者」「ヨソモノ」「馬鹿者」といわれながらも、日々感じていることをここに綴ります。

読者のみなさまが本書を通じて、それぞれの業界が抱える課題に対して危機感を抱き、ともに産業構造の改革に取り組んでいこうと思っていただければ、それに勝る喜びはありません。

株式会社リブ・コンサルティング

パートナー　篠原健太

はじめに

Chapter 01

「建設・不動産・住宅」。飛躍を妨げる課題とは？

Contents

Chapter 02

変革が沈滞する「建設業界」を、アップデート！

Chapter
03
3つの視点で、「不動産業界」の未来戦略を

Contents

Chapter 04

着眼点を変え、「住宅業界」の可能性を広げる

Chapter 05

いまこそ、「地方創生」ビジネスに挑戦する

Contents

Chapter 01

「建設・不動産・住宅」。飛躍を妨げる課題とは？

多重請負構造や人手不足、資材高騰……、「建設業界」には苦難が次々と

このChapterでは、建設、不動産、住宅の3つの業界を俯瞰し、各業界の飛躍を妨げる課題について考えていきたいと思います。

それぞれの業界の市場規模や、その業界で活動する社数は、図1のようになっていますので、まずはご確認ください。

では、建設業界についてから考えていきましょう。

建設業界には、長年にわたって構築されてきた独特の「多重請負構造」が存在します。16ページの図2のように、スーパーゼネコンを頂点に、ピラミッド型の下請け構造になっているのです。

発注者である国・県・市町村などの行政や民間施主から、スーパーゼネコンや準大手ゼネコンが元請けとして仕事を受注し、それを1次下請け、2次下請け、3次下請けと流していき、下請けの次数が増えるほど、途中でマージンが徴収されていくため、

得られる収益が減っていくというのが一般的な仕組みです。

この多重請負構造は必ずしも悪いものではなく、合理的な側面がありますし、実際、幅広い業界に存在します。たとえば、自動車を代表とする製造業では多重請負構造が一般的ですし、IT業界でもSIer（システムインテグレーター）の多重請負構造が基本となっています。

建設業界に至っては、エリア性が強いという特徴があるので、ある程度、階層が存在したほうが、実際にはスムーズに仕事が流れていくという合理的な側面も多いでしょう。とはいえ、ムダに複雑化している面があるのは事実で、その下請け構造の中で、さまざまなマージンだけを抜き取るよ

図1　各業界の現状

業界	建設業界	不動産業界	住宅業界
市場規模	51兆円 (CAGR：6.57%)	56兆円 (CAGR：4.23%)	16兆円 (CAGR：0.65%)
社数	47万4千社 (増減率：83%)	35万3千社 (増減率：114%)	3万5千社 (増減率：81%)

CAGR：2013～2023年の10年間にて計算
社数増減率：2013～2023年の10年間にて計算

出典：国土交通省「最近の建設業を巡る状況について」をもとにリブ・コンサルティングにて計算

図2　建設業界の構造

■ 建設業界はピラミッド型の多重請負構造となっており、
各レイヤーの役割が異なる

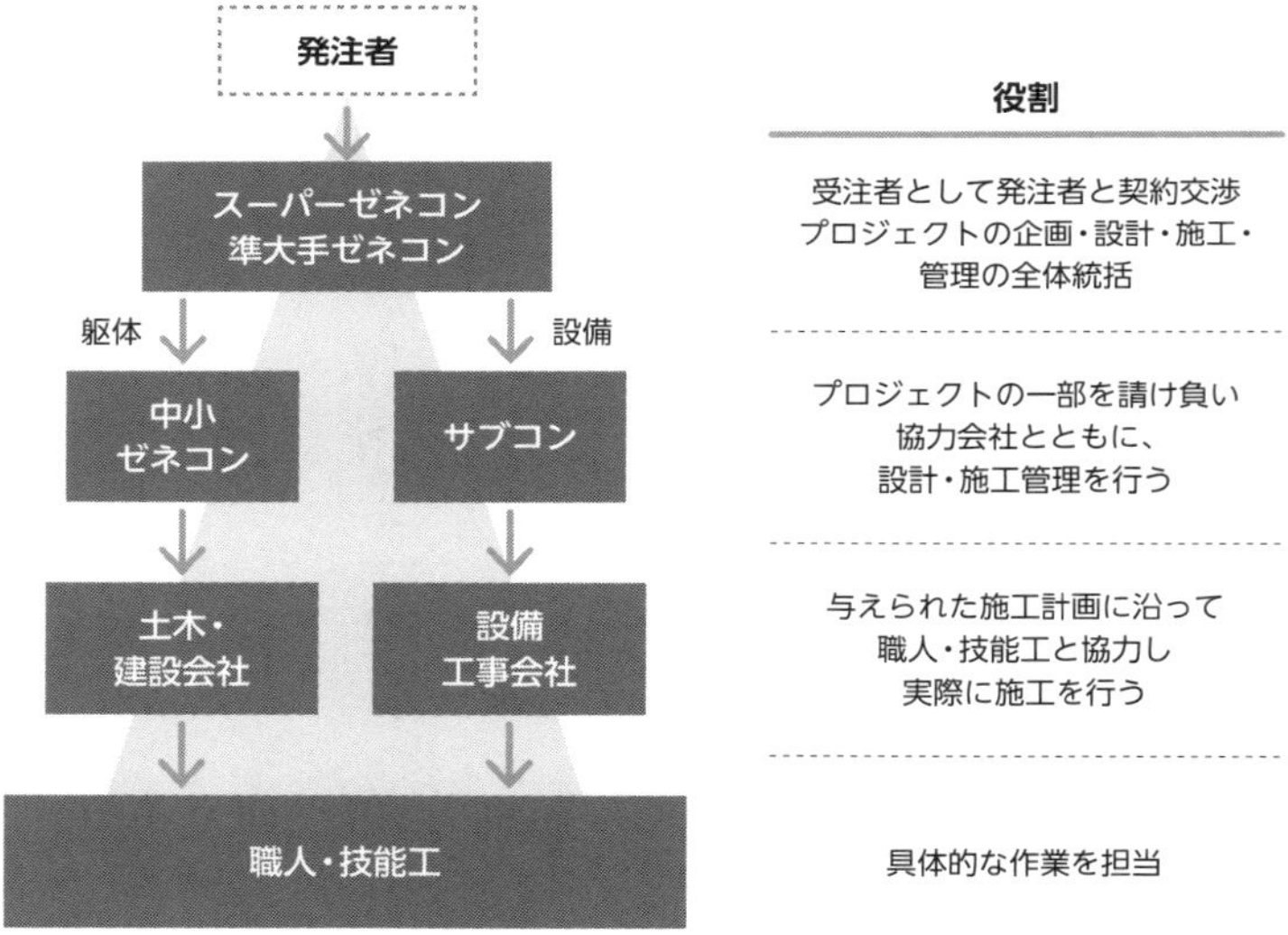

出典：リブ・コンサルティング

うな行為も生まれます。

その結果、ピラミッドの下にいくほど、発注者との交渉力が弱くなり、適正な収益が得られないという問題が出てくるのです。また、多重構造になればなるほど、個社の体力は弱くなり、大きな外部環境の変化に耐えられなくなるという側面もあるでしょう。こうした構造を温存したままでは、建設業は持続可能なビジネスを続けられなくなる懸念があります。だからこそ、この複雑な下請け構造は適正化を図っていく必要があると、私は考えるのです。

とはいえ、「どういう構造が適正なのか」と問われると、「簡単に答えが出るものでもない」と答えるしかありません。多様なステークホルダーが絡み合っているからです。ただ、いまのタイミングで、ここにしっかりと視線を合わせ、真剣に向き合っていかなければならないのです。

人手不足が深刻化し、工期の遅れも頻発

建設業は、人手不足が深刻化しています。これは、いまや全産業に共通する大きな課題ですが、なかでも建設業は厳しい業種の一つだといえるでしょう。

実際、2002年に618万人いた建設業就業者は、2023年には483万人となり、21・8％も減少しています。特に現場を支える現場監督や職人など技能職は433万人から314万人と27・5％減り、建設現場の人手不足の深刻化につながっています（図3）。

この背景には、建設業就業者の高齢化が進む一方で、新たな人材が入ってこないという問題があります。

現場の職人など技能職も、かつては高収入が得られるということで、人が集まりやすかった時代もありました。ただ、先ほどのピラミッド構造とも関係しますが、下請けになればなるほど収入が得にくくなり、なおかつ労働環境の悪さなどもあいまって、若い人材が入らなくなっているのです。

そうした中で、働き方改革の推進により「2024年問題」が起き、追い打ちをかけることになりました。建設業の課題である「時間外労働の上限規制」が2024年4月から適用されたのです。

人手不足の問題は、かなり前から指摘されていましたが、業界の対応は後手に回っていると言わざるを得ません。実際、2023年までは「まだ何とかなる……」とい

図3　建設業界における人手不足

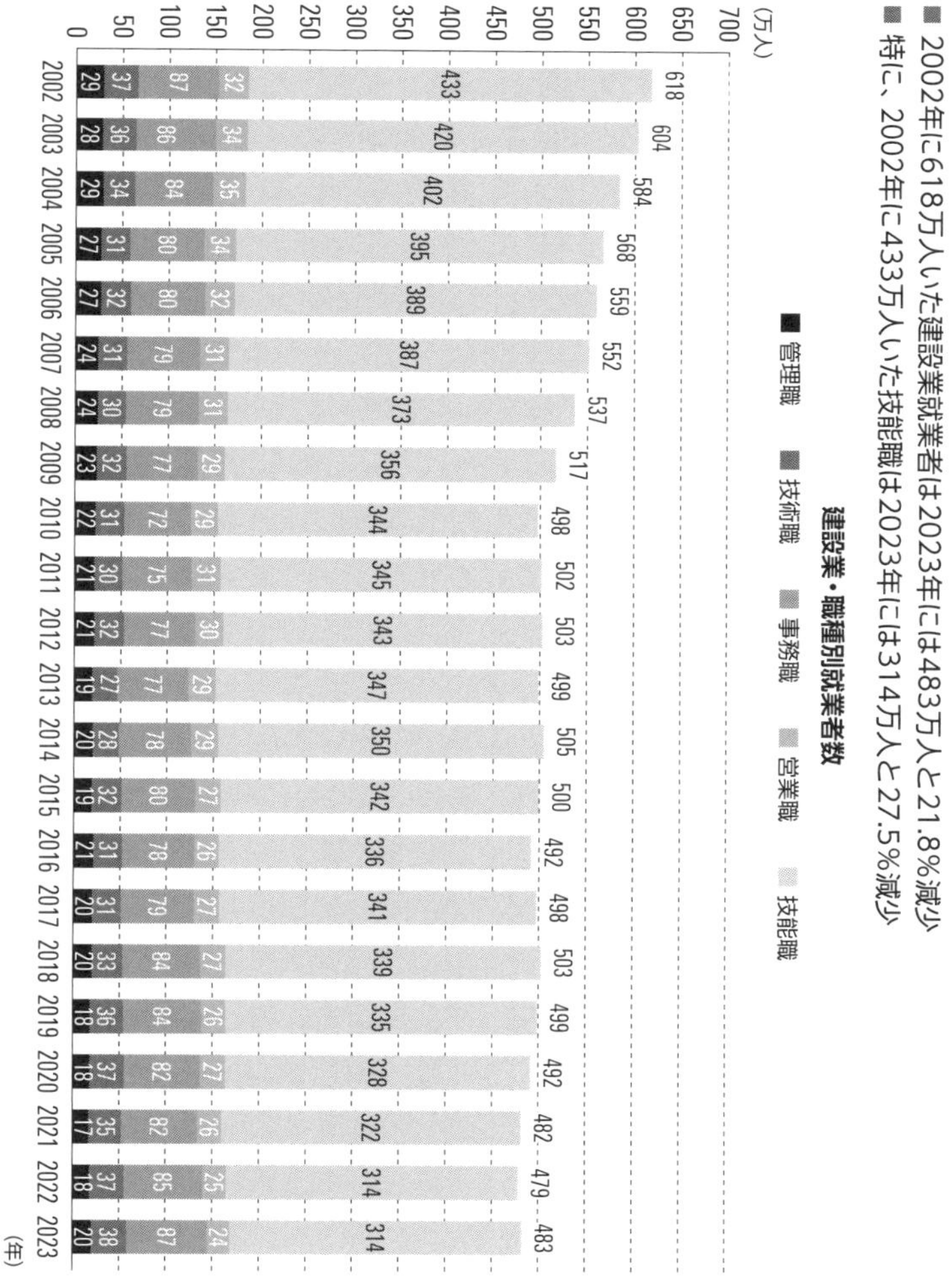

出典：「建設業デジタルハンドブック」（一般社団法人日本建設業連合会）より（一部、リブ・コンサルティングにて調整）

う空気が建設業界内に漂っていましたが、いよいよ窮地に追い込まれてきている状況といえます。

深刻な人手不足の結果、人材を確保する人件費も大きく上昇しているのはもちろん、建設現場では工事が予定通りに進まず、工期が大幅に遅れ、完工していない中で次の現場が始まるという事態がしばしば起こっています。結果として現場監督が複数の現場を受け持ち、工事で重要となる「実行予算」や「施工計画書」をつくり切れずに工事に入ることになり、人手不足は、工事のクオリティを下げる事態を生むことになってもいるのです。原価がタイムリーに上がり続ける中で、精緻な実行予算策定ができないことは利益率の減少に影響するでしょう。利益率が減少するだけでなく、キャッシュインリズムも不安定になり各社の成長を阻害します。

また、各現場の職人の人工《にんく》の管理についても、ほとんどの現場は「この前は融通を利かせてくれたから、今回はこのくらいでよろしくね」といったような形で、関係値や人情の中で成り立つ「曖昧性」により進めていました。DXによってさまざまなものが可視化される時代となったいまも、その解決への道に反発していることが多くあります。

一方で、仕事は多くあります。工事を発注するデベロッパー側からすると、新しい仕事を発注したくてもできない状況が生まれているのです。

建設資材の高騰も建設業界の大きな負担となっています。

東京都の建設物価指数の推移（2021年1月〜24年7月）を見ると、建設資材は、この約3年半で32％も上昇しているのです。

その背景としては、直近では急激な円安の影響もありますし、ロシアのウクライナ侵攻によるウクライナ・ショックで原油価格が上昇するなど複合的な要因があるでしょう。ただ、過去10年ぐらいをさかのぼってみても、建設資材の価格は上昇し続けていました。

建設業界で使われる素材の約90％は輸入に頼っていることなども踏まえると、今後も資材価格が落ち着くとは考えにくく、厳しい状況が続く見通しです。

このように人手不足による人件費アップや資材の高騰が進む中で、建設業界では、それらのコストアップ分を、どれだけ工事費用に転嫁できるかという問題が生まれてきます。

しかしながら、それは同時に仕事を発注する側が、どこまでコストアップに耐えられるのかという問題とも関係しているのです。だからこそ、民間の案件についても、官公庁の案件についても、コスト構造の改革に手を付けていかなければなりません。それが原価低減なのか、人件費やそれ以外のコストのスリム化なのか、建設業界では、ますます難しい対応を迫られることは間違いないのです。

経済に左右される「不動産業界」。合理性にとらわれない付加価値創出がカギに

不動産業界には、解決すべき大きな課題の一つとして、「情報非対称性」の問題が、長年、指摘されてきました。

日本では、不動産の情報流通を国や業界が一元管理する仕組みが、いまだに整っていません。そのため、不動産会社が個別に情報を囲い込むことが容易にできる状況になっているのです。

明治初期に解禁された個人間での土地売買の自由化に伴い、次第に生まれてきた不動産情報流通業は、「情報」が収益の源泉といえます。何をするにしても物件情報の仕入れから始まるからです。そして、情報の非対称性を利用して、情報の囲い込み

や自分たちにとって不利になる情報を隠すといった不適切な状況が続きました。いまでこそ宅地建物取引に関する法律は整備され、こういった取引は少なくなりましたが、『正直不動産』という漫画が注目を集めることから見て取れるように、実際には、まだ、悪しき文化が残っているのも事実です。

また、日本の不動産業界には「両手取引」という独特な商慣習があります。これはある不動産仲介会社が、売買取引において買主・売主の双方と取引の仲介契約を結ぶことを意味します。日本では一般的な取引形態ですが、米国などでは、両手取引は潜在的利益相反取引にあたるとされ、法律で厳しく規制されています。しかしながら、日本では法的に問題はないと解釈されているのです。

両手取引は、仲介手数料が単純に約2倍になるため、両手取引を行う不動産会社が多くなります。

そうすると、たとえば専任媒介で一定期間、売主の情報を囲い込み、自社だけで情報をキープし、買主を見つけようとする行為が増えやすくなるのです。結果、不動産業界では、こういった情報の非対称性を有利に使い、売り物件のマイナス面などを巧妙に隠しながら、買主に契約を結ばせるといったことが起きてしまいます。

これらの話は、ある程度、不動産業界に触れたことのある方であれば理解していることでしょう。「不動産業界は嘘ばかり、古い」などと言われがちですし、私も、そういった不動産の負の側面を目にしたことは少なくありません。しかし、想いをしっかりと持たれて、真摯に取り組まれている方が多くいらっしゃることも確かです。だからこそ、これらの問題はひと言で片づけられるほど簡単ではないのです。

一方、不動産業者目線に立った際の、大きな難しさの一つは仲介手数料でしょう。日本では、不動産取引における仲介手数料は、不動産取引価格の3・0%＋6万円となっています。

そこから人件費や広告宣伝費などの販管費を引く形になるので、収益を上げづらいモデルといえます。仲介手数料は、業法により上限が定められていますので、各社が自由に価格を上げることはできません。火災保険やリフォームなどのクロスセルにより、一取引あたりの金額を上げても、大きな収益につなげることはできません。どんなに良い仕事をしても収益が変わらず顧客視点に立ちにくい構造になります。

その中で取引効率を上げ、収益を最大化していくためには、自分たちで売主を見つけ出し、ニーズを把握した上で、最適な買い手とのマッチングをするという、前述した両手取引の妥当性は少なからず存在するでしょう。

とはいえ、このようなエコシステムが生み出す弊害が存在するのは事実です。米国では売り手側と買い手側のエージェントは別々に存在しており、買い手側から仲介手数料を取ることはありません。代わりに売主が6％程度の仲介手数料を支払い、それを売り手側のエージェントが買い手側のエージェントと分け合います。また、それとは別に、中立性のある第三者である「エスクロー」が売買取引を対応します。業務が細分化されているため、より効率的かつ顧客視点のサービス提供につながる環境があります。

このように米国と日本では違いがありますが、中古流通の量や価格も違うため、どちらの取引がいいのか、一概に言うことはできません。

ただ、いまの日本では、不動産仲介に携わる人材が、「高い専門性」と「売主・買主のニーズに対するコンサルティング力」を向上させていこうとモチベーションを上げにくいのも事実です。とはいえ、そこで止まってしまうのではなく、今後の市場の縮小も見据えて、分業化していないからこそ生み出せる価値に目を向け情報を押さえられる立場として新しいビジネスモデルを構築していくことが必要ではないでしょうか。

不動産IDで流通市場の活性化へ

一方で、不動産流通の利便性を高めるため、国土交通省が指定した不動産流通標準情報システム「ＲＥＩＮＳ（レインズ）」という仕組みがあります。

これは「Real Estate Information Network System」の頭文字を取った略称です。そして、宅地建物取引業法に基づき、不動産情報を集約した上で、より多くの不動産会社に物件情報を提供し、最適な買主を探すことを目的としています。ただ、一般の人は閲覧できませんし、囲い込みやＩＴリテラシーの観点から情報を載せないという不動産会社が存在するのも事実です。

不動産流通市場の活性化としては、ほかにも現在、国土交通省が不動産の一つひとつにナンバリングを行い、情報を一元化する「不動産ＩＤ」を進めているほか、不動産テック協会も「不動産オープンＩＤ」という取り組みを行っています。

現状、不動産にはＩＤが振られていない状況ですので、これらは、ビッグデータの集約やデータ管理において大きなディスアドバンテージになっています。従って、不動産の採番によって、不動産をしっかりと管理する仕組みを構築していく必要があるでしょう。

さらに言うと、不動産IDだけではなく、その不動産のあるエリアのハザードマップや、そのエリアの生活環境の情報などが一元化されて、それを一般の人も見ることができるようになれば、情報の非対称性は解消され、また買主が、本当の意味で自分が暮らしたいエリアがどこなのかといったことも、ある程度理解できるようになってくるかもしれません。

現在、不動産業界で物件を選ぶときには、駅距離・築年数・間取りといった顕在化されたニーズを、ポータルサイトでチェックボックスにより選択するという情報検索の仕方になっています。

ただ、本当は物件の立地を選ぶにしても、求める方が自身の経済状況やライフスタイルで選んでいる、ないしは選びたいはずです。

情報の非対称性の枠を超えたその先にも、不動産にとどまらない情報、つまり、「このエリアにはこういう人たちが集まっている」「子育て環境が充実している」「補助金が多い」といった情報の集約が求められるはずです。

これらも含めて情報が一元化されれば、ＡＩを導入することによって、自然言語でチャットを使って相談しながら、本当に自分に合った物件がオファーされるといった状況が生まれるかもしれません。

これが、一つのあるべき姿のようにも思えます。

とはいえ、こういった情報基盤がないからこそ、不動産業界には、情報の非対称性の問題があり、これが、いつまでも解消されないのかもしれません。

ちなみに、米国には「ＭＬＳ」という不動産物件の売買履歴やエリア情報、市場分析などを提供する情報サービスがあります。これは、一般の人もアクセスでき、中古不動産の取引価格の推移、そのエリアの犯罪率などの情報が簡単にわかるものです。

ここまで不動産業の流通面の課題について、情報の非対称性の問題を考えてきました。加えて、不動産の開発面では、建設業の資材高騰のあおりを受けて、やはり、原価アップが事業としての打撃となっています。

さらに、マンションなど物件の修繕費といった管理面でも、コスト上昇が負担になっている問題もあるのです。このあたりは、Chapter03で詳述します。

3重苦、4重苦といわれる問題が残る「住宅業界」。さらに統廃合の動きが

住宅業界は現在、3重苦、4重苦ともいえる非常に困難な状況に直面しています。一つ目の苦しみは、原価高騰です。

2021年前半に米国で発生した「ウッドショック（Woodshock）」により、木材価格が跳ね上がりました。そこにコロナ禍も加わり、木材の価格は上昇しています。当面、木材価格は若干の落ち着きをみせているものの、中期的に下がることはないだろうとみられており、この原価高騰の悩みはなかなか解消されないでしょう。

また、日本の住宅木材国産自給率は55％程度であり、他国と比べるとかなり低くなっています。そもそも輸入木材に頼ることとなった背景は、戦後に住宅需要が大幅に伸び、さらに各地で頻繁な伐採が行われたことにより、国内の木材が減少したことに起因しているのです。また、林業従事者の減少も大きく関係しています。木材は植林してから市場に出るまで30年以上の時間がかかるため、必然的に海外からの輸入に頼るようになったのです。

このような背景の中、輸入木材に依存していることから、木材原価の上昇は、住宅本体に加えて、その他の設備にも影響を与えることになり、この問題は、住宅業界にとっての最大の苦しみとなっています。

輸入材は国産材に比べて強度が高く、住宅の柱となる横架材に適していますので、輸入材に合わせた建築設計を採用するメーカーが増えました。

従って、国内産の木材に切り替える場合は、設計段階から変える必要があり、時間と労力を要します。さらにコストが変動する可能性があることから、見積もり段階から変更せざるを得なくなるため、簡単には切り替えられないといえるでしょう。

それに加え、前述した通り、日本の林業は、管理不足と林業従事者不足という課題を抱えており、簡単に木材自給率を上げることができないのです。サプライチェーンの構造自体にも課題を抱えています。

各ビルダーや大手デベロッパーは現在、自社で林業を持つことにチャレンジしていますが、国産材自給率の向上は、そう簡単な問題ではないです。ウッドショックなどの海外情勢による原価高騰は、まだまだ業界を苦しめることとなりそうです。

2つ目の困難は、住宅業界における人手不足の問題です。

建設業界と同様に、住宅建設での現場監督の不足は目下の課題ですが、それに加え、設計士や営業なども人手が足りない状態が慢性化しています。

消費者にとっての一生に一度ともいえる買い物＝住宅を扱うためには、それなりの専門性が求められます。ただ、こういった知識や経験値を持つ人材は大きく不足しており、住宅メーカー各社は、激しい採用戦争を繰り広げています。

また業界内では、エージェントやヘッドハンティングによる人材の奪い合いが散見され、さらに経験者の採用は困難を極めているため、多くの地方工務店では、未経験者を採用して育成するという手段しか残っていません。

そういった人材の教育・指導のために、実務者一人あたりの生産性が低下し、労働分配率が高くなりがちになるという状況も生まれているのです。

3つ目は、広告宣伝費の上昇です。

住宅業界は寡占化が進んでおり、有力なハウスメーカーが地方にもどんどん進出しています。

そうした中で、地場の限られた地域で営業していた工務店の場合、お客様一組を呼ぶための広告宣伝コストが、これまで5万円だったところ、最近では10万～15万円と

2〜3倍に膨らんでいるのです。こうなると、資本力の乏しい地場の中小工務店では、大手ハウスメーカーに対抗できないという状況になってきています。

一方、建築物省エネ法が改正され、2025年4月からすべての新築住宅に対して、省エネ住宅基準への適合が義務付けられることになりました。これも住宅会社の負担増になってきます。

これが、4つ目の苦痛といえるでしょう。

このように原価高騰、人手不足による人件費や採用費用などの上昇、広告宣伝費の増大、さらに新たな法規制ということで、住宅業界は3重苦、4重苦に悩まされているのです。

そもそも住宅市場は人口減少で縮小傾向にあり、しかも地方にいくほどそれは顕著ですから、住宅業界は非常に厳しい経営環境にあります。

そうした中で、大手ハウスメーカーは、多角化に活路を見出そうとしています。海外展開や商業施設、物流部門への進出などです。

また、「規格住宅」が増えているのも近年の大きな潮流です。規格住宅とは、注文住宅の一種で、住宅会社があらかじめ用意した規格に沿って建てるものです。「注文住宅」がフルオーダーメードだとすると、規格住宅はセミオーダーメードといえます。住宅会社が提供するプランごとに、間取りや設備、デザインなどのパターンが複数あり、住宅購入者はその中から好みのものを選びます。

住宅会社にとっては規格を統一することで、設計などのコスト低減が図れるのです。購入者側にとっては、設計の自由度は高くありませんが、品質とコストのバランスに優れた住宅を購入できます。

これまではフルオーダーメードの注文住宅が、大手ハウスメーカーも地場の工務店も基本だったのですが、前述したようなさまざまなコストアップにより、フルオーダーでは販売価格が高くなりすぎて売れないという中で、規格住宅が増えています。

この動きは大手、中堅、中小含めて全国的な流れになっています。

このように3重苦、4重苦の苦しみの中で、住宅業界では企業としての優勝劣敗がはっきりし始めてきました。

そして、M&A（合併・買収）を通じた統廃合の動きが加速し、さらにコスト構造の変化に耐えられずに倒産する工務店が増えているのです。

社会的な環境問題への対応。その具体的な対策に乗り切れていない現状

産業界は、いま、「カーボンニュートラル」や「グリーン・トランスフォーメーション（GX）」といった環境問題への対応を迫られています。当然、建設、不動産、住宅の3つの業界も、同様にそれぞれへの対策を練っていく必要があるでしょう。

3つの業界の中で、環境対応について先んじているのは「住宅業界」です。この中でも特に、「戸建て住宅」の動きが先行し始めています。

戸建て住宅に関しては、「ZEH（ゼッチ）住宅」の普及が進んでいます。ZEHとは「Net Zero Energy House（ネット・ゼロ・エネルギー・ハウス）」の略です。これは、太陽光発電による電力創出や省エネルギー設備、高断熱構造を導入することによって、消費するエネルギーと、自らが生み出すエネルギーが同程度か、上回る住宅を指します。大手ハウスメーカーの積水ハウスでは、新築住宅におけるZEH比率が95％に達し、8万棟を超えるZEH住宅を提供しています。

政府は、２０３０年度以降に新築される住宅については、このＺＥＨ基準をクリアする省エネ性能の確保を目指しています、とはいえ、ＺＥＨの２０２２年度の普及状況は、注文戸建て33・５％／建売戸建て４・６％と低水準にとどまっています。

さらに、その内訳を詳しく確認してみるとハウスメーカーが69％と一定の対応を進めている半面、デベロッパー、大手・中堅ビルダー、ビルダー・工務店は非常に低い水準にあります。

企業によっては、ほとんどＺＥＨに対応できていない会社もあり、企業規模によって施工スキルや営業スキルの差が出てきているのです。

その中でも、たとえば中堅ビルダーであるエコワークスは、年間90戸以上の住宅を建築しており、直近5年のＺＥＨ率が平均90％を超えるなど、ビルダーとして日本トップレベルの実績があります。

また、国が脱炭素社会の理想像として掲げるＬＣＣＭ住宅において、２０１２年に最高レベルの5つ星認定を全国で初めて取得したほか、２０１６年に開始された建築物省エネルギー性能表示制度で、全国第１号で認証を取得し、その後も全棟で取得しています。２０２１年には、地域工務店で全国初の「省エネ大賞」を受賞しました。

さらに、エコワークスは、地球温暖化対策を木材からサポートするために、自社グループである多良木プレカット協同組合と連携することで、森林認証材を木材産地から直接買い付け、天然乾燥から製材、プレカットまでを一気通貫で行う、国内最大級の木材産直流通システムを全国で初めて構築しました。

代表取締役社長の小山氏は、こういった活動の中で「一般社団法人ZEH推進協議会理事」となり、活動の幅を広げて、官庁に対しても環境問題への取り組み推進を提案しています。このように、地方の中堅ビルダーにおいても、目覚ましい活躍をしている企業が増えてきているのです。

ただ、建築物省エネ法の改正で、2025年4月以降に施工予定の住宅は、原則すべて省エネ基準適合が義務付けられます。これに対応できない工務店は経営が厳しくなっていくかもしれません。

一方で、すでにZEHへの対応を進めているハウスメーカー、工務店は、差別化に向けた次の仕込みができますので、より競争力に差がついてきます。

環境問題についていえば、3つの業界は、「HEMS（ヘムス）」への対応も遅れています。これは、「Home Energy Management System（ホーム・エネルギー・マネジメントシステム)」の略で、家庭で使うエネルギーを節約するための管理システムのことです。家電や電気設備とつないで、電気やガスなどの使用量をモニター画面などで「見える化」したり、家電機器を「自動制御」したりします。

政府は2030年までに、すべての住まいにHEMSを設置することを目指しているのです。

とはいえ、このHEMSは、「新築戸建て住宅」では普及してきていますが、「戸建ての既築住宅」ではほとんど進んでいません。さらに、リフォームやリノベーションの分野ではまったく手つかずの状況といえます。新築偏重の文化が落ち着いてくる中では、今後の重点強化領域にもなってくるでしょう。

また、戸建ての領域を超えて次に注目すべきキーワードが、「ZEB(ゼブ)」だといえます。

これは、「Net Zero Energy Building(ネット・ゼロ・エネルギー・ビル)」の略称で、戸建て住宅と同様、ビルで消費するエネルギーを、省エネや再生可能エネルギー利用などにより削減し、限りなくゼロにするというものです。

現在、大手ゼネコンやデベロッパーを中心に、環境対応に積極的な企業がZEBの建設を進める取り組みを始めています。

ただ、ZEHに比べ、大きな建物が対象となるため技術面がシビアになってくるのです。さらに、木材が使いづらいため、より一層の工夫が求められるといえます。従って、大手デベロッパーや大手建設会社が率先して取り組み、業界のニューノーマルをつくることが必要ですが、建設・不動産業界としては、まだ、各社がそれぞれの動向をうかがっているようにも見受けられます。これを機会に、これからのトレンドを押さえ、いかに競争力を高められるかがカギとなっていくでしょう。

発注者側に実利を実感してもらうことが大切

環境対応型の住宅やビルは、当然ながらイニシャルコスト（初期費用）が増えるほか、その後の維持・管理のためのランニングコストも必要になります。

従って、環境対応型の住宅やビルの普及には、発注者側の環境問題に対する意識にも大きく左右されます。建設、不動産、住宅会社としては、省エネ効率が良くなり、電気代などがどれだけ節約できるのかなど、実利面でのプラス効果を訴求できるかがカギになるはずです。

そうでなければ、戸建て住宅においても消費者が、環境問題への意識が特に高くない限りは、そこにお金をかけることには後ろ向きになってしまいます。省エネ対応のメリット、実利を実感できることが、特に住宅のリフォーム、リノベーション領域では非常に重要だと思います。

一方で、オフィスビルの場合、テナント企業はZEBに入居することで自社のブランディングに活用できるなどのメリットもあるので、そこをうまく訴求していくことが大事になってくるでしょう。

ここまで見てきたように、環境問題への対応については、3つの業界ともに総じて遅れていると指摘せざるを得ません。

実行すべきDXへの模索。結果、本質的な生産性アップへの改革が進まない

あらゆるビジネス領域でDXが進んでいます。DXとは、デジタル技術を活用して、ビジネスモデルや業務プロセスを変革し、新たな価値を創出するというものです

が、残念ながら建設、不動産、住宅という3つの業界は共通して遅れています。

とはいえ、3つの業界ともに、基本的にはDXに取り組まなければならないことは感じているでしょう。

ただ、たとえば建設業界でしたら多重請負構造の問題があったり、また、どの業界でも紙やFAXでやり取りをする文化が残っていたり、そもそもDX人材がいないという中で、DXの実施を、常に先送りしてきたという実態があります。

その結果、他業界では推進されているDXが、この3つの業界では総じて進んでいないのです。

これらの一番の要因は、DXの目的がよくわかっていない、DXの必要性に対して業界全体がいま一つピンときていないということだと思います。

経済産業省の「DXレポート2」では、DXを「デジタイゼーション（アナログ・物理データのデジタルデータ化）」「デジタライゼーション（個別の業務・製造プロセスのデジタル化）」「デジタルトランスフォーメーション（組織横断／全体の業務・製造プロセスのデジタル化、〝顧客起点の価値創出〟のための事業やビジネスモデルの変革）」という3つの段階に分けて定義しています。

この考え方は、ＤＸを推進する上での各段階の目標や取り組みを明確にしようとするもので、効果的にＤＸを進めていくのに役立つかもしれません。

しかしながら、建設、不動産、住宅業界の多くの企業は、このＤＸの３つの段階もよく理解できていません。

紙の書類をデジタル化することがＤＸであるとか、デジタルツールを使うことがＤＸであるというような認識がまだあるのです。

それはなぜなのでしょう。

理由の一つとして、それぞれの業界がエリアビジネスであるがゆえに、ファーストムーバーが生まれづらいことが挙げられます。

これらの業界は、全体的にロングテールな構造にある中で、多数の中小企業が地方に点在する形になっています。

そして、それぞれのエリアを超えた競合が少ないために、基本的には「〇〇県のＡ社」が展開している事例を、そのまま自社に当てはめれば成果につながる、といった傾向があるのです。

つまり、「わざわざ自社が前例のない挑戦をせずとも誰かが取り組んでくれることを待つ」ということが当たり前になってきているのでしょう。

前提として、これまでに厳しい競争環境にさらされていなかったことが挙げられるかもしれません。そして、他社の成功事例が生まれることを待つ時間があったということもあります。

だからこそ、「変わらなければいけない」と業界外から声が上がりながらも、変化することを後回しにした結果、「茹でガエル」状態となってしまった企業が多いのも事実です。

一方で、2014年ごろから「不動産テック」「プロップテック」というキーワードを耳にすることが増えました。

アナログな不動産業界は、魅力的な市場だと認識され、業界外からのテック系プレイヤーの参入が急増し、いまや数百の不動産テックプレイヤーが出現したのです。

しかしながら、市場規模に目をつけて異業種から参入してきた多くの不動産テックプレイヤーにとって、この業界は想像以上にアナログで、新しいことに取り組む姿勢に乏しい企業群の集まりだったため、取引先の開拓や自社の浸透に苦戦をしている状況にあるといえます。

前述した通り、建設、不動産、住宅という3つの業界を攻めていくには、まず事例が求められます。

早期に業界内でのオピニオンリーダー的な存在を囲い込み、いかに好事例として展開できるかが第一の山となるのです。

加えて、カスタマーサクセスの重たさも課題となります。

参入するプレイヤーの想像を超える現場のアナログさと、さまざまな業態から構成される業務の複雑性により、サービスを現場に浸透させることができずに挫折してしまうケースも多発しているのです。

DXは住宅業界が先行

そうした中で住宅業界では、人手不足や原価上昇で利益が出ないという深刻な問題に直面することで、DXの導入が先行する形で進みました。

住宅業界はバリューチェーンが多く、販売、設計、施工、アフターなど各バリューチェーンに特化したサービスが生まれやすかったという事情もあったでしょう。

ただ、それでも住宅業界におけるＤＸは、デジタルツールを導入して生産性を上げているという段階でしかありません。

ＤＸの中でいう、デジタイゼーション、デジタライゼーションのフェーズにとどまっているのです。

デジタルを活用することによって、他社との差別化、模倣困難性を築き上げるような、新しい顧客体験を生み出すようなイノベーション、競争優位につながるような3ステップ目のデジタルトランスフォーメーションを実現している住宅業界の会社は、まだ、ほとんどないといえるでしょう。

一方、建設業界は目下、「２０２４年問題」に直面することで、２０２４年に入ってようやくＤＸへの関心が高まり始めている状況です。

アナログ体質といわれることの多かった不動産業界においても、企業によって濃淡こそありますが、徐々にＤＸ導入に向けて動き出しています。

Chapter 01のポイント

1. 建設業は生産性低調・利益率低下→産業疲弊・魅力度低下→新規人材減少・さらなる高齢化のバッドループへ突入

2. 不動産業の流通構造の変革は、大きな課題が存在。“日本流”をいかに模索するか、開発・管理もモデル改革を

3. 統廃合が続く住宅業界。サプライ・バリューチェーン双方のアップデートで新たな産業の在り方を見つける

4. ZEH住宅が先行するGXトレンド、建設と不動産の垣根を越えた推進により、チャンスを掴み競争力を高める

5. 単なる生産性向上にとどまらない、産官学連携型の長期的なDX構想の推進で、いびつな産業構造の改革を図る

Chapter 02

変革が沈滞する「建設業界」を、アップデート！

多重請負構造を押さえた上でのＤＸ・新時代の研究開発の礎となるＲＸを推進

Chapter02では、Chapter01で指摘した建設業界の課題に対して、業界全体として、どのように取り組んでいくべきかといった提案をしていきます。

建設業界は、労働生産性の向上が長年進んでいないアナログな産業の代表といえます。近年は、ＤＸによる生産性向上について、さまざまなところで啓発されてきましたが、結果として、建設業界でのＤＸはほとんど進んできませんでした。

そして、生産性が上がらない一方で、人手不足も深刻化しているのです。仕事はあるものの、人が足りない状態で、しかも「２０２４年問題」によって働き方の規制が強化されたことによってますます人手が不足する事態に陥っています。実際、現場ではいま工期が延びる事態が頻発しているのです。

ではなぜ、建設業界におけるＤＸが一向に進展しないのでしょうか。

理由の第一は、建設業界は働く人の高齢化が進んでいるため、デジタル技術に対する理解やリテラシーが総じて低いことが挙げられます。

もう一つ問題なのは、前述したようにピラミッド型の多重請負構造という業界特性があります。建設業界は、元請けのスーパーゼネコン、準大手ゼネコン→中小ゼネコン、サブコン→土木・建設会社、設備工事会社→職人・技能工という請負構造になっているのです。

業界構造が各レイヤーに分かれているということは、各層ごとに取り組むDXの内容やレベルも異なってくるということです。スーパーゼネコンが取り組むDXと、現場の職人の方々が取り組むDXでは、まるで次元が違います。ひとまとめにしてDX推進というわけにはいかないのです。

また、自社だけがDXに取り組んでも、結局、業界が多重請負構造になっているため、その上下の階層にある企業がDXを進めなければ、本質的な改善にはつながりづらいという状況になっています。さらに、自社だけでは、それをコントロールできないというのが実態です。

一方で、国や多くのメディア、SaaSプレイヤーの発信は、一辺倒な「建設DX」にとどまっているように見受けられます。DXに対する発信側と受け手側に意識や前提の乖離があるため、その溝は埋まりづらいというのも事実です。

「2024年問題」が起こり、建設会社各社は、いよいよ人手不足が待ったなしの状況になり、これまでになく危機感を募らせています。これによって、DXへの取り組み姿勢も、これまでとは大きく変化していると感じます。建設業界DXに関するイベントやセミナーも増え、実際に当社への相談も増えています。

そんないまだからこそ、多重請負構造の中で各レイヤーがどのような役割を担っていて、そこに対してどういった形でDXを導入して、生産性をどのように高めていくのか、ということについて、レイヤー間で、地に足を着けた「対話」が必要なのです。

では具体的に、建設業界の各レイヤーの役割とDXの進捗状況はどのようになっているのでしょうか。

スーパーゼネコンや準大手ゼネコンのDX進捗状況は、デジタルツイン・ロボットの活用など先進的な取り組みを大規模現場で実験的に推進しています。また、中小ゼネコンとサブコンでは、建設SaaSなどバリューチェーンを部分的に解決するDXを推進。土木・建設会社と設備工事会社は中小ゼネコン・サブコンが推進するDXを活用する形のほか、自社でも建設SaaSによるDXを推進しています。

一方、現場の職人・技能工の方々のレイヤーでは、導入されたDXを活用することに苦戦している状況にあります。

こうした状況を受け、具体的に、どのようにDXを進めていけばいいのかを考えてみましょう。

まず、どのレイヤーにも共通することですが、業務全体で見たときに「コア業務」と「ノンコア業務」に分割することができ、それぞれに対してのDXのアプローチの手法が異なります（図4）。コア業務とは、標準化が難しい業務です。ノンコア業務は、繰り返しのルーティンワーク的な業務といえます。

まず、コア業務に関してですが、ここでは、DXにより生産性を向上させていきます。標準化が難しい業務は、意思決定の根拠が複層的であるということから、DXを通じてデータ起点の意思決定をすることで、標準化できない業務の生産性向上を図ることができます。

一方、ノンコア業務については、徹底的に業務負荷を低減させることを目指し、標準化が可能な業務や、既存プロセスでは明らかにROI（投資収益率）が見合っていない業務に対しては、自動化を進めていきます。

前述したように、DXには3段階がありますが、最初の2段階である「デジタイゼーション（アナログ・物理データのデジタルデータ化）」と「デジタライゼーション（個別の業務・製造プロセスのデジタル化）」は、ノンコア業務の効率化に該当します。

図4　業務の種類によるDXの方向性

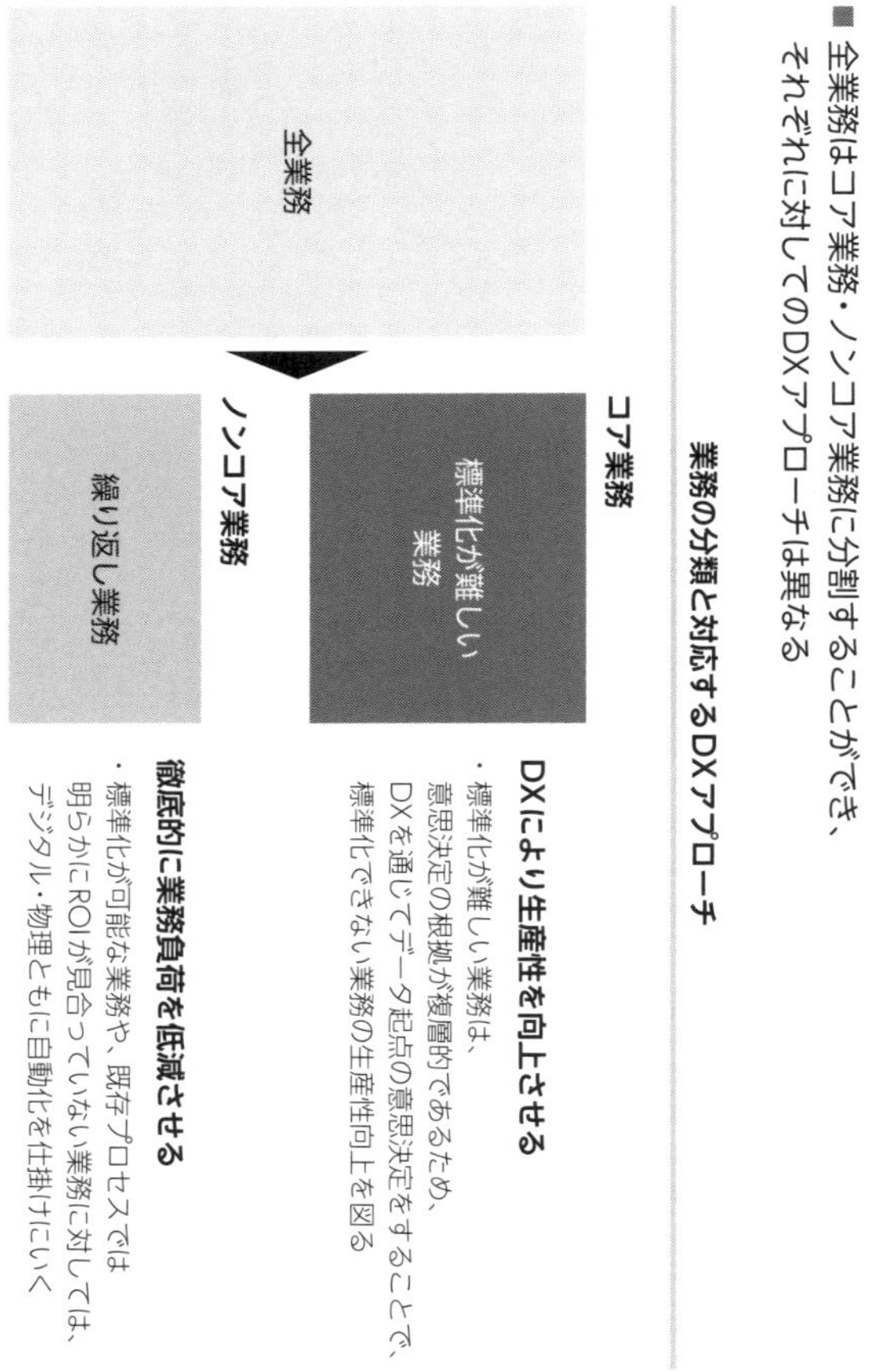
■全業務はコア業務・ノンコア業務に分割することができ、
それぞれに対してのDXアプローチは異なる
業務の分類と対応するDXアプローチ
全業務
コア業務
標準化が難しい業務
DXにより生産性を向上させる
・標準化が難しい業務は、
意思決定の根拠が複層的であるため、
DXを通じてデータ起点の意思決定をすることで、
標準化できない業務の生産性向上を図る
ノンコア業務
繰り返し業務
徹底的に業務負荷を低減させる
・標準化が可能な業務や、既存プロセスでは
明らかにROIが見合っていない業務に対しては、
デジタル・物理ともに自動化を仕掛けにいく

出典：リブ・コンサルティング

また、コア業務の生産性向上は、3段階目の「デジタルトランスフォーメーション（組織横断／全体の業務・製造プロセスのデジタル化、〝顧客起点の価値創出〟のための事業やビジネスモデルの変革）」の文脈が強いといえます。

さらに詳しく、バリューチェーンごとのDXのアプローチ法も見てみましょう。次ページの図5を確認ください。

まずはノンコア業務のDX・RX（ロボティクス・トランスフォーメーション）によるデジタイゼーションについてです。

たとえば、「入札〜契約」においては、既存業務の効率化を図ります。これは、デジタル入札や契約管理システムの自動化などです。

「設計〜見積もり」に関しては、作業の効率化を狙います。見積もりも設計も部署横断的なコミュニケーションがありますので、そこでの見積書や図面のやり取りの繰り返しなどにコストがかかります。それらを減らしていくのです。

「施工」に関しては、施工管理ツールやロボティクスの導入が比較的進んでいますが、外部のSaaSを提供する企業がさまざまなツールを出していますので、遠隔施工管理などの活用ができます。

図5　バリューチェーンごとのDXアプローチ

■ ノンコアDX・RXによる"Digitization"とコアDXによる"Transformation"を各バリューチェーンごとで実現していく必要がある

	Digitization（ノンコアDX・RX）	Transformation（コアDX）
入札〜契約	**既存業務の効率化** デジタル入札や契約管理システムの自動化など（コミュニケーションコストの削減）	**適切なパートナーとのマッチング** 過去案件に関連する施工〜保守管理のデータを、発注の意思決定に反映
設計〜見積もり	**作業効率化** 部署横断コミュニケーションや手戻り、書類管理などにかかっているコストの削減	**情報の一元化** BIMの運用 BOM（部品表）構築による積算・見積もりの自動化 施工フェーズまで一気通貫で情報を利活用
施工	**施工効率の向上** DXツール導入やロボティクスの導入による施工効率の向上	**施工状況の見える化とカイゼンの精緻化** デジタルツインやIoT技術を活用した現場の施工状況のリアルタイム管理 施工現場のカイゼン
竣工後 保守管理	**保守管理の省人化や付加価値向上** 設備保守管理システムの導入により、IoT機器などを通じたデータの取得とその利活用を実現 結果として建物価値を向上させる	**運用データの利活用＋設計フェーズへのフィードバックループ** 運用時に蓄積されたデータを回収し、設計フェーズへのフィードバックループを確立

出典：リブ・コンサルティング

また、ウエアラブルカメラやネットワークカメラを活用することで、現場に行かずとも離れた場所から臨場を行うことができるようになるでしょう。これは、移動時間の削減につながります。

「竣工後保守管理」においては、保守管理の省人化や付加価値向上を図ります。設備保守管理システムの導入により、ＩｏＴ機器などを通じたデータの取得とその利活用を実現し、結果として建物価値を向上させます。

次に、ノンコア業務について考えてみましょう。

ここでは、建設業界においてバリューチェーンが多様、かつ各バリューチェーン間のコミュニケーションが多いにもかかわらず、各種のデータが全バリューチェーンのプレイヤー横断で見られる状態になっていないのが問題といえます。

たとえば、ある程度「デジタル化」が進んだ環境の中では、業務上で発生した会話や議論、それに伴う文書などは、すべて誰でも検索して参照できるようになっています。そのため、年次や部署にかかわらず、現在進行形で起こっていることや過去に起こったことが検索できるようになっているのです。

ところが、建設のような「プレイヤーが分断的」＆「言語が揃っていない」業界の場合は、こういったことが難しい状態になっています。

ここでの、「プレイヤーが分断的」というのは、受注者、施工の管理者、実行者、部材の供給者、保守管理者、がそれぞれ「別法人格」であるということです。実際にデベロッパーから案件を受注してくるゼネコン、実際の個別工事を施工していくサブコン、工事案件の中で実際に稼働する協力会社、工事に必要な部材を供給する建材会社、設備の保守管理を行うビルメンテナンス会社など、建物の一生には多くの法人格が関わってきます。

また、「言語が揃っていない」というのは、設計・現場間を考えてみるとわかりやすいでしょう。

たとえば、建設の設計現場では通常3D CADのようなツールを用いて建物の設計をしていきますが、それを現場サイドで見られるというような工事事例はまだ数としては少ないのが実情です。3D CADから実際に施工図面に落とし込まれた紙図面を参照に工事が実施されるケースがほとんどです。

また、「現場サイドで、実際にどのような課題に直面したか」といったような情報も紙図面に書き込まれるにとどまり、設計サイドまでフィードバックされることは、ほとんどない状況です。

このように、同じ建物の工事に関わるプレイヤーであったとしても、そもそも普段の業務で使用しているツールが違ったり、持っている情報の領域が違ったりすることが往々にしてあります。これが「言語が揃っていない」という状況なのです。

関与プレイヤーが多いのに、それぞれのバリューチェーン内で使うデータが閉じた形で保存されている状態ならば、生産性に影響が出ます。

たとえば、現場側で図面に不具合があった場合は、設計への確認が必要でしょうし、設計からの回答がないと現場は一時的に停止してしまいます。さらに、現場側で部材が足りないことがわかった場合は、施工管理者→部材供給者といった「人」を経由した流れで、確認をしていかなければならないでしょう。

このように、全バリューチェーンで発生してくる文書やコミュニケーションが、属人的に閉じてしまっていて、必要な情報は、いちいち「特定の担当者」を経由しないと取れないといった構図そのものが、生産性が低い一つの要因となっているのです。

これは、現場サイドの高齢化が一因でもあり、それによってデジタル空間へのデータ吸い上げツールが浸透しにくい、さらに、言語が異なる（営業、設計、施工管理者、現場の職人で操作する情報の種類や扱うファイルの種類、仕事をする環境がまったく違う）ことに起因しています。

こういった問題を解決するには、バリューチェーン横断でデータを受け渡しできるようなＤＸツールの活用が必要になってきます。ＩｏＴや物理デバイスを活用した現場実情の見える化なども、実際に働かれている方の手作業なしでも現場データの吸い上げが可能という文脈で有効な手段でしょう。


一方、コア業務については、より高度なＤＸを進めることによって、真のＤＸ（デジタルトランスフォーメーション）の実現を目指します。

「入札～契約」においては、適切なパートナーとのマッチングを行うために、過去案件に関連するデータを、発注の意思決定に反映させるというアイディアも必要です。たとえば、どのような種別の工事をどのような協力会社に発注して、原価管理的にはどうだったのか、工数管理の観点からはどうだったのか、といったデータを大量に蓄積することで、工事の情報が明らかになり、どの協力会社に発注するのが最適かということがわかるようになります。

「設計～見積もり」に関しては、情報の一元化を進めます。ここでは「ＢＩＭ（ビム）」の運用が一つの有効な解決策です。ＢＩＭとは「Building Information Modeling」の略で、コンピューター上の面積や材料、部材の仕様・性能といった建築物の情報付き3次元モデルを指します。これによって、BOM（部品表）構築による積算・見積もりの自動化、施工フェーズまで一気通貫での情報活用が実現できるのです。

「施工」においては、施工状況の見える化と「カイゼン」の精緻化が効果的でしょう。製造業においては、いわゆるカイゼンというような、実際の生産活動の効率化を図るPDCAが回されていますが、建設業では製造業ほどの改善活動が進みにくいという現状があります。

それは大前提として、そもそもの生産活動を行っている主体者が機械であるか、人間であるかという違いがあります。機械であれば、稼働しているのか稼働していないのか、どの段階まで加工作業が進んでいるのか、といったリアルタイム情報が手に入りますが、職人によって施工が行われる建設工事においては、結局、リアルでどのような施工状況にあるのかがわかりません。状況が見える化されているか、されていないかという部分が大きく異なるのです。

そこで、「デジタルツイン」やIoT技術を活用した現場の施工状況のリアルタイム管理が有効な手立てとなってきます。施工状況が実際にどのような状況にあるのかという情報を解像度高くデータとして取得することができれば、管理の精度が上がることはもちろん、蓄積されたデータをもとに納期を予測できるようになるといった可視化が実現可能となるのです。

ちなみにデジタルツインとは、現実世界の物理空間に存在する情報をＩｏＴなどで収集し、そのデータをもとにサイバー空間でリアルな空間を再現する技術を指します。デジタルツインは、コントロールしにくい現場サイドの進捗状況などを把握できるという意味合いが強いです。たとえば、工事の進捗状況確認といった場合、これまでは施工管理者↓現場職人といったジャーニーでしか確認できなかったものが、可視化され、正確な進捗管理ができるようになるという意味合いになります。

ここまで、バリューチェーンにおけるプレイヤー横断的なＤＸの在り方について述べてきましたが、これを実現するまでの、実際のフェーズごとの流れをまとめると、図6のようになります。

また、業界に対するＤＸ浸透の文脈で必ず考えなければいけないのは、どのプレイヤーが「キープレイヤー」なのか、ということです。キープレイヤーとは、「この主体が動かないと業界全体がぜったいに動かない」という業界全体のＤＸ浸透の成否を

図6　プレイヤー横断的なコアDXの実現に向けて

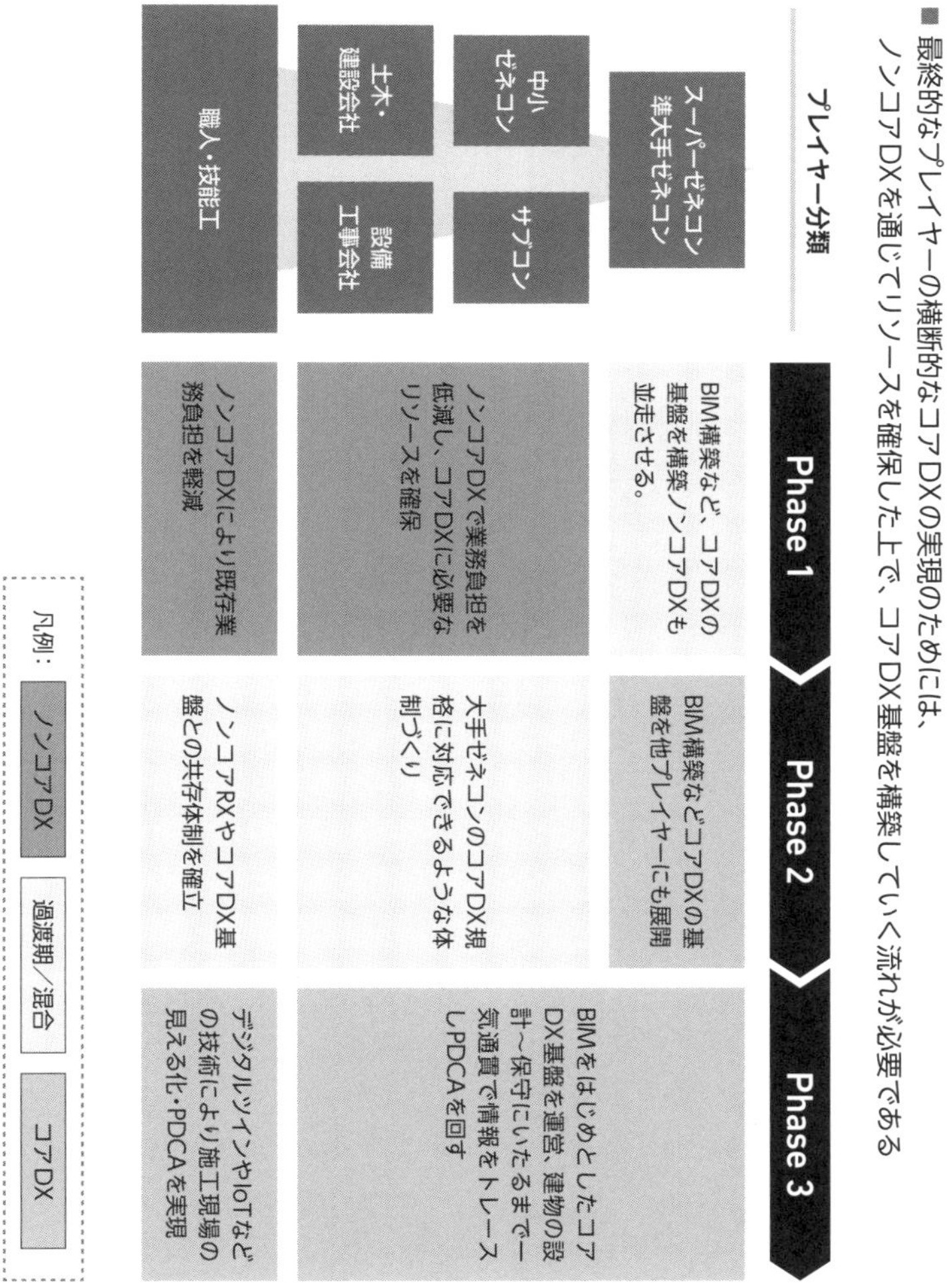
■最終的なプレイヤーの横断的なコアDXの実現のためには、
ノンコアDXを通じてリソースを確保した上で、コアDX基盤を構築していく流れが必要である
プレイヤー分類
スーパーゼネコン 準大手ゼネコン
中小ゼネコン
サブコン
土木・建設会社
設備工事会社
職人・技能工
Phase 1
Phase 2
Phase 3
BIM構築など、コアDXの基盤を構築ノンコアDXも並走させる。
ノンコアDXで業務負担を低減し、コアDXに必要なリソースを確保
ノンコアDXにより既存業務負担を軽減
BIM構築などコアDXの基盤を他プレイヤーにも展開
大手ゼネコンのコアDX規格に対応できるような体制づくり
ノンコアRXやコアDX基盤との共存体制を確立
BIMをはじめとしたコアDX基盤を運営、建物の設計～保守にいたるまで一気通貫で情報をトレースしPDCAを回す
デジタルツインやIoTなどの技術により施工現場の見える化・PDCAを実現
凡例：
ノンコアDX
過渡期／混合
コアDX

出典：リブ・コンサルティング

左右するプレイヤーのことです。もちろん建設業は案件がゼネコンからサブコン、協力会社、ビルメンテナンス会社のように流れていくような構造ですので、キープレイヤーはゼネコンということになります。

ゼネコンがバリューチェーン横断的に共通言語を使えるような環境を構築していき、それを、サブコンを含む施工管理機能を持った会社が現場に浸透させていく、そしてこの施工時点で得られたデータを保守管理のフェーズにも転用していく。これは、すぐに実現するようなことではないかもしれませんが、本質的な業界構造のアップデートに向けては、意識していかなければならないことでしょう。

建設業は製造業と比べて「真のＤＸ」が進みにくい

では、真のＤＸとは、どんなことでしょうか？　これは、過去データをベースに、より精度の高い意思決定ができるようにすることだといえます。

製造業の場合は、ボラティリティが少ない（使用する部品が固定、部品ごとの加工方法やコストなどもほぼ固定）ため、過去データの活用がしやすいという特徴があります。一方、建設業は、どちらかというと1案件ごとに個別に適した対応が必要になってくるので、過去データの活用が難しいという状況になっています。また前述したように、施工工事の主体は職人である一方、モノの製造は工作機械が行います。そのため、どのようなモノがどのくらいの時間でできるかというのが、建設業よりも予測しやすいのです。

しかしながら建設業界において、個別性が高いからという理由でＤＸの道を諦めてもよいのかというとそうではありません。むしろ過去案件で溜まったデータをより多く集めて、モジュール化したナレッジを蓄積していく必要があるのです。

建設業での課題は、毎回、原価計算、発注先の選定、見積額の決定をゼロからやっていて、過去のデータがまったく反映されていないこと、もしくは、過去の経験を参考にしているものの、それが属人化してしまっていて、そのナレッジが会社に残っていかないこと、さらに、正確とはいえない意思決定が行われ続けていることになります。

前述したように、バリューチェーン上で出てきた書面などはデータ化し、追跡可能な状況にしておく、現場の実情は施工管理の担当者が回収する、ないしは、ＩｏＴやデバイスからの収集データなどで担保するというように、施工時点に発生したデータを蓄積していくというような作業は、ＤＸを進める上で必須といえるでしょう。また、在庫や部材管理の観点からいえば、設計～現場～調達までのつなぎ込み、原価管理の観点からいえば、受注～設計～部材ごと単価、協力会社コストの連動といったことになります。これをやらないと、ＱＣＤの担保や不健全な転嫁などがある現状は変わらないといえるのです。

こうしたＤＸを実際に進めていく中では、次の2点に注力することが必要です。一つ目は業界知見や1次情報を正しく反映するようなツールの開発を、ベンダーなどと協力しながら実施すること（ただし、この際は業界知見とソフト化の際の技術知見を持った架け橋的な存在が必要）。

２つ目は、導入後の浸透を考え続けることです。活用現場においては一度の説明では受け入れられず、繰り返しの伴走が必要になります。心理的な壁に寄り添い社内・外の仕組みとして落とし込んでいくにはそれなりの時間とコストを要するということを押さえて推進していく必要があるのです。建設業におけるＤＸの推進には組織変革のストーリーメイキングがとても重要となるのです。

建設業では、これまで行われていた非合理的で「一発エイヤ」的な意思決定のしわ寄せが、労働時間や転嫁のような事象として現れています。だからこそ、社会的にそういったものが許容されない現在（２０２４年問題など）、過去データに基づいた、より正しい意思決定が求められているのです。

大手ゼネコンは「RX」へ積極投資を

建設業界のRX(ロボティクス・トランスフォーメーション)に関しては、2021年に「建設RXコンソーシアム」が大手ゼネコンを中心に立ち上がりました。

これは、人手不足の解消や生産性・安全性の向上、コスト削減といった課題解決を目的にしています。

たとえば清水建設は、ビルなど建築物の天井ボードを自動で施工するロボット「Robo-Buddy Ceiling」を自社開発し、実際の建築現場に適用しています。同社は次世代型生産システム「シミズ・スマート・サイト」を打ち出し、建築現場で建設ロボットを積極的に導入する方針をいち早く掲げました。そして、複数の自律型ロボットを組み合わせて生産性を高めるべく、技術開発と現場実証を重ねています。

2023年6月に同社の施工で竣工した高さ約330メートルの「麻布台ヒルズ森JPタワー」(東京都港区)では、溶接ロボットと耐火被覆吹き付けロボットを活用し、上棟までのプロセスで500人程度の省人化につながりました。

こうした先行事例が生まれている一方で注意すべきなのが、ＲＸの目的を見失わないということです。通常、ＲＸというと「省人化」、すなわち、これまで人がやっていた作業を機械によって代替することで、それまでに割いていた人的なコストを浮かせる、というような文脈でのみ言及されがちです。ただし、建設業におけるＲＸは、ほかの意味も持つということに注視すべきです。

まず１つ目が、労働環境の改善です。

建設ＲＸと呼ばれるプロダクトの中には、単に人の作業を完全に代替するようなものではなく、人の作業をサポートするようなものも多く含まれます。たとえば、建設現場で使われるようなアシストスーツやクレーンの遠隔操作技術、バイタルセンサー、測量ドローンなどがその代表です。これらの技術は決して「業務を無人で遂行可能にする」ものではありませんが、紛れもないＲＸの技術の一つです。

こうしたＲＸ技術は、建設業界にはびこる「高負荷で危険である」というイメージを払拭します。そのため、単なる人的工数の削減という文脈にだけ注目をするのではなく、就労環境の良化に役立っているという事実を明示し、求職人口の増加にまで効果を波及させるべきなのです。

2つ目が、工程管理のさらなる精緻化です。墨出しや資材の自動搬送、コンクリート施工などモジュール化しやすい業務は、現在、ロボットによる代替が進んでいますが、これをただ省人化の一手段として捉えるだけでは不十分です。人による作業が中心で、業務時間が読みにくいというのが常識であった建設業界において、一部の業務が精度高く所要時間を見込めるようになったというのは大きな進歩でしょう。

そのため、全業務のうちロボットによって行われる業務の所要時間はどのくらいなのか、逆に人でしか実施できない業務とは何で、それはどのくらいの所要時間が実際ベースでかかっているのかというデータを蓄積していく必要があります。

このように、ロボットの介入をきっかけに積極的に各業務の切り分けと各業務の所要時間の見込み数値を積み上げて記録していくことにより、将来的により正確なコスト予測が可能になっていくのです。

早急に生産性向上への改善が求められている建設業界において、先進技術を積極的に取り入れて、RXを推進させることが重要なのはもちろんでしょう。

ただ、その効果というものを単なる「省人化」にとどめるのではなく、求職者市場におけるプレゼンス増加や、工数管理の精緻化など別の課題解決をも見据えていくことが大切だといえます。

単なるCSRではない、実利を達成する「GX×ビジネス」展開へのシナリオを

産業界では、カーボンニュートラルの実現に向けたGX（グリーン・トランスフォーメーション）の取り組みが進んでいます。しかしながら建設業界では、まだ本格的な動きにはなっていません。

むしろ建設業界では、GXをCSR（企業の社会的責任）の一環として捉えている企業が少なくないように見受けられます。企業ブランディングの手段と考えているといってもいいかもしれません。助成金などが整っていない現在においては、GXを推進することによるコスト増の側面が強く、事業者へのメリットが少ないのが実情です。しかし、GXは本来、企業の収益に直結する取り組みであるべきものでしょう。

今後、日本だけでなくグローバルにGXへの投資が加速していく中で、建設業界もそれに対応でき得る企業が受注競争で優位に立てるのは明らかです。新築需要はもちろん、既存建築物のリニューアルやリフォーム、リノベーションの需要が増えていく中で、ゼネコンは発注者への提案力、デベロッパーは利用者の満足度向上など、企業

として業界で勝ち残っていくための武器になります。

GXに対応できることで、建設業界の各企業は、そうした需要を獲得できるようになり、それがさらなる自社の技術開発につながって、さらに優秀な人材確保にも波及し、それが企業の競争力を強化していき、収益拡大につながるという好循環を生み出す、そのストーリーを描き、実現していくことが必要です。

GXというキーワードは、不人気産業となりつつある建設業界を魅力的に変えていく良い契機だと捉え、どの業界よりも率先して取り組むべきだと考えています。

規模・業態による進め方を適切に捉える

では建設業界は、具体的にどのようにGXに取り組めばいいのでしょうか。

一般的にいわれるのが、GHG排出量の見える化です。確かにこれも大切ですが、それよりも各レイヤーがどのようなゲームチェンジを行うかのシナリオを考えることのほうが重要でしょう。建設業界でのCO_2の排出は、「圧倒的にサプライチェーン」が主といわれています。サプライチェーンに焦点を当てることは重要ですが、それ以前に経営上のGXのシナリオを適切に捉え切ることを考えるべきだと考えています。

規模や業態によりシナリオが変わってくるため、1つずつ解説していきましょう。72ページの図7では、実際にゼネコンから利用者まで、GXの関与者が取るべき施策とメリットについて並べています。各プレイヤーが実利に向けた意義を捉え、主体者となり推進を行うことが非常に重要です。

まず、ゼネコンが取るべきシナリオは、脱請負につながる提案力の向上となります。従来ゼネコンは、発注者の企画を形にする請負が主流となっていました。しかし、請負、いわゆる待ちのスタンスでは、これからのGXによるゲームチェンジに対応できないでしょう。これからは、発注者の企画したものを、その先にいるオーナーや利用者のニーズに応えられるように提案していくことが必要です。利用者にはどのようなメリットがあるのか、どういった暮らしの変化があるのかを思考し、先回りができる提案力が必要となります。

それに加え、ゼネコンは、サプライチェーンのCO_2削減にも積極的に取り組むべきでしょう。先進技術を活用し、GXを狙うのです。たとえば、ICT施工による施工の脱炭素化を狙えます。また、革新的建設機械の導入拡大を率先して行うべきでしょう。革新的建設機械とは、動力源が電気や水素、バイオマスといったグリーンエネルギーによるものです。実際に大林組では、ＧＸに向けた取り組みとして、２０２４年度より国内建設工事において、バッテリー式油圧ショベルをはじめとしたＧＸ建設機械の導入を開始しています。

次に建設業の枠を超えますが、デベロッパーなどの発注者側のシナリオです。ここでは、オーナー側や利用者側に対する意義付けを行うことが必要となります。ニーズが激しく変わる中で、企画や提案に対しての幅を広げ、ＧＸが当たり前となるような事業戦略を考えることが必要です。

いままでは、土地がすでに用意されていることが前提で、効率化を狙った企画が多く存在したと思います。ただ、新築需要が格段に減っているという現状では、新築、中古ともにオフェンシブ（能動的）な企画を行うことが、迫りくるゲームチェンジの中で勝ち残っていく武器となり、そこにビジネスチャンスが生まれていくでしょう。

ＧＸに関しては、社内の上申ハードルやコスト面、市場創造といったハードルが多く存在しているものの、ＧＸへの取り組みを行うことで、自社の競争優位性が生まれ、急速に進むＧＸ時代を勝ち残ることができるのです。

図7　プレイヤー別GX推進の役割

■ 第一ステップのGHG排出量の見える化だけではなく、、、

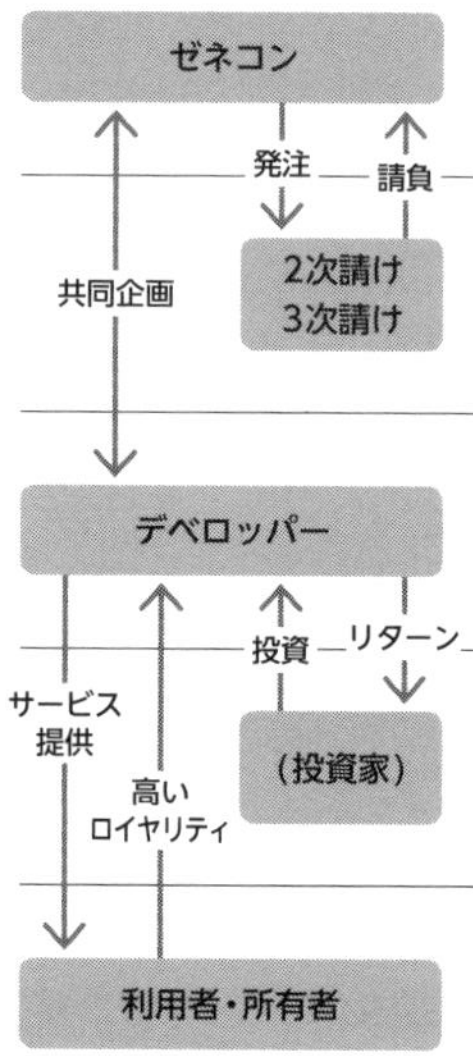

施策	メリット
脱・請負による提案力強化 技術的観点を中心としたデベロッパーへのGX推進の積極的な提案・主導	**GXを基盤とした差別化戦略の実現** 先行的にナレッジを蓄積することで受注数・受注金額を上げ、競争力向上につながる
間接報告義務への先行対応 CO_2排出量の見える化を行い、直接報告義務があるゼネコンのGX対応ニーズに備える	**競争力を上げ、受注・工事件数増加** GXへの対応を主体的に進めることでゼネコンから選ばれる会社になる
需要創造型の企画力向上 付加価値・コストの両観点からGXによる体験価値向上に向けた企画や提案の幅を拡げる	**新規カテゴリでの競争力向上** 確実に拡大していく新規市場におけるシェアの早期獲得と競争優位性の構築につながる
利用者に目を向けた投資活動 社会動向や消費性向の変化に目を向けた投資比率を拡大する	**利用者から選ばれる建物所有の実現** コモディティ化する投資商品の中で長期的な収益力を維持し資産性を向上
	利用・所有における選択肢の拡大 実利メリットや新たな付加価値の享受。自分らしい選択肢の増加

出典：リブ・コンサルティング

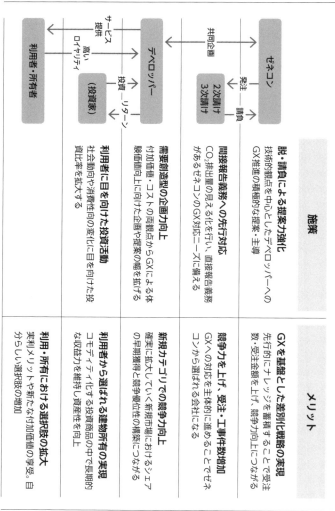

さらに建設業の2次請け、3次請けに該当する工事会社は、ゲームチェンジの波に乗りそこねないような準備が必要です。

これからの業者選定については、GXに対応できるか、つまりCO_2削減の報告などをスムーズに行っていけるのかという軸が入ってくると感じます。GXへの対応が、競争環境に置かれにくい業界の中で、さらに事業を伸ばしていくきっかけになることは間違いないでしょう。

前述したように、建設業界のGX推進は、実利を生み出すことに必ずつながります。もちろん短期的なものではなく、中長期的観点が必要になりますが、業態や規模別に、いますぐ、できることへのシナリオを描いていくことが必要です。

先送りをすれば、DXと同様に、どんどんと他業種に後れを取っていくことになるでしょう。GXはDXよりもシビアで、遅れることは許されないものです。

近い将来に起こる、GXによるゲームチェンジを前向きに捉え、主体者となることでビジネスチャンスが生まれてくると思います。

求められる「Net Zero Energy Building（ZEB）」。それへの対策を練り込む

国は2009年、「ZEBの実現と展開に関する研究会」を立ち上げ、研究会での検討を通じて、今後の我が国の建築物のZEB化に向けた新たなビジョンの提案や、課題とその対応策としての提言をとりまとめました。

前述したように「ZEB（ゼブ）」とは、「Net Zero Energy Building（ネット・ゼロ・エネルギー・ビル）」の略称で、ビルで消費するエネルギーを、省エネや再生可能エネルギー利用などにより削減し、限りなくゼロにするというものです。省エネ戸建て住宅の「ZEH（ゼッチ）」のビル版といえます。

国はさらに2015年に「ZEBロードマップ検討委員会」を立ち上げ、ZEBの目標達成に向けたロードマップ作成が始まりました。

「第4次エネルギー基本計画」（2014年4月閣議決定）においては、「建築物については、2020年までに新築公共建築物等で、2030年までに新築建築物の平均でZEBを実現することを目指す」とする政策目標が設定されています。

一方、2015年にとりまとめられた「長期エネルギー需給見通し」においても、2030年の目標として定められている省エネルギー量を達成するため、「ZEB実現に向けた取組等により高度な省エネルギー性能を有する建築物の普及を推進する」ことが前提となっています。

こうした国の方針のもと、スーパーゼネコンや大手デベロッパーを中心にZEBの建設を進める取り組みを進めていますが、建設業界全体としてはまだ大きな潮流にはなっていません。

たとえば、東急コミュニティーでは、総合不動産管理会社として、今後増えるZEB化建物を社員が管理運営できるよう、知識や経験を培うためZEB化した自社の研修施設をつくりました。ただZEB化において、意思決定時に課題が存在していたため、社内承認を得る難しさがあったといいます。その課題とは、ZEB化による高いイニシャルコストに見合う事業価値や効果が見えづらいということであり、それによって稟議を通すのに難航したようです。

このことからZEBの推進は、各レイヤーのつながりだけでなく、推進するプレイヤーの内部にも課題が存在することがわかります。東急コミュニティーの例を見ても、大手デベロッパー内でも、短期的に実利を生み出すZEBのシナリオが見え切っておらず、推進の障壁になっていることが理解できるでしょう。

ただ、東急コミュニティーの事例はそんなハードルを持つ各社にとってのベンチマークになるものだと考えます。実利を生み出す前の段階で社内の推進意欲やリテラシーの向上を行うために、ZEBだけでない複合的な目的を持たせる中で、一石二鳥を狙っていくことが導入期では求められるでしょう。

ZEBの推進は、各レイヤーの中で多くの課題があるものの、中長期的な視点を持ちながら、会社を挙げて取り組んでいることがわかります。

またZEBの推進には、別次元で大きな課題があると感じています。それは、施主に対してZEBの付加価値を、どう提示できるかということです。

言うまでもなく、ZEBの建設は従来型のビルに比べてコストが増えていきます。つまり、建設費がアップするということになるのです。そしてZEBの建設は、技術的にはすでにクリアされていますが、エンドユーザー側や購入者側は、それに対しての理解を十分にしていないという実情があります。

従って、ZEBを普及させるためには、建設会社がコストアップになることについて、開発・建設の最終意思決定者である建築主に動機付けをすることが不可欠になります。

さらに、テナントビルの場合には建築主のほかにテナントの意識改革も不可欠で、テナントへの動機付けも必要となるのです。

ただ現状、ＺＥＢの追加コストは、必ずしも経済合理性に見合うとはいえない状況にあり、それが、建築主にとってＺＥＢに取り組む上での最大の障壁になっています。

ＺＥＢは、光熱費削減やエネルギー自立化によるＢＣＰ（事業継続計画）性能の向上、室内環境の質が高まることによる快適性・健康性や知的生産性の向上、ＣＳＲ（企業の社会的責任）活動の推進、企業価値向上など多くのメリットがありますが、いまだ、そうした便益を建築主やテナントに対して十分に訴求できていません。

こうした理由で、多くの企業や施主にとっては、コスト増になるＺＥＢを選択しにくいのが実情です。

ただ、国の方針に基づき、たとえば東京都もＺＥＢを積極的に推進しているほか、大手企業では自社ビルなどの建設においてＺＥＢを採用するなどの動きが活発になりつつあります。

そうした中で大きなカギの一つとなるのが、デベロッパーの協力姿勢になると考えられます。

マンションや商業施設などの開発を手がけるデベロッパーが、ZEBの付加価値をしっかりと固め、それを訴求して営業販売する。

いわばビルやマンションを購入するエンドユーザー側のリテラシーを醸成させ、ZEB市場を創造し、将来的にZEBが平準化されるようにしていくというのが、いま求められているのではないかと思います。

デベロッパーもZEBというオフェンシブな企画を行い、マンションのバリューアップをするための提案を、利用者ニーズに即した形でしっかりと行わなければなりません。利用者サイドの意識調査は、Chapter03で詳述します。

その結果、GXによってマンションの快適性が上がり、ランニングコストが抑えられるといった経済的なメリットにつながれば、その利便性によって利用者が満足します。それによって、売価やリードタイムが短縮されればオーナーも幸せになり、不動産会社やデベロッパーも豊かになるでしょう。

ZEBにより、従来の戦い方が変わっていく中、こうしたオフェンシブな企画提案力を身に付ける動きをつくっていくことが大事だと考えています。

次世代に〝強さ〟を引き継ぐための「技術」の継承と革新。その手法を創出する

建設業界での人手不足の深刻さについては、これまでもたびたび述べてきました。その中でも、特に現場で働く人材が不足しています。

建設業は他業界と比較しても圧倒的に有効求人倍率が高く、建設躯体工事従事者（職人など）や建築・土木・測量技術者（設計・施工管理など）の倍率は特段に高くなっているのです。

次ページの図8にあるように、2023年の建設躯体工事従事者の有効求人倍率は9・70倍と、全職種の中で最も高く、建築・土木・測量技術者は5・57倍、建設従事者（建設躯体工事従事者を除く）は4・78倍となっています。

一般的に人手不足が指摘されている介護サービス職業従事者（3・78倍）に比べても高く、全職種平均（1・19倍）を大幅に上回っているのです。

図8　建設業における職種別有効求人倍率

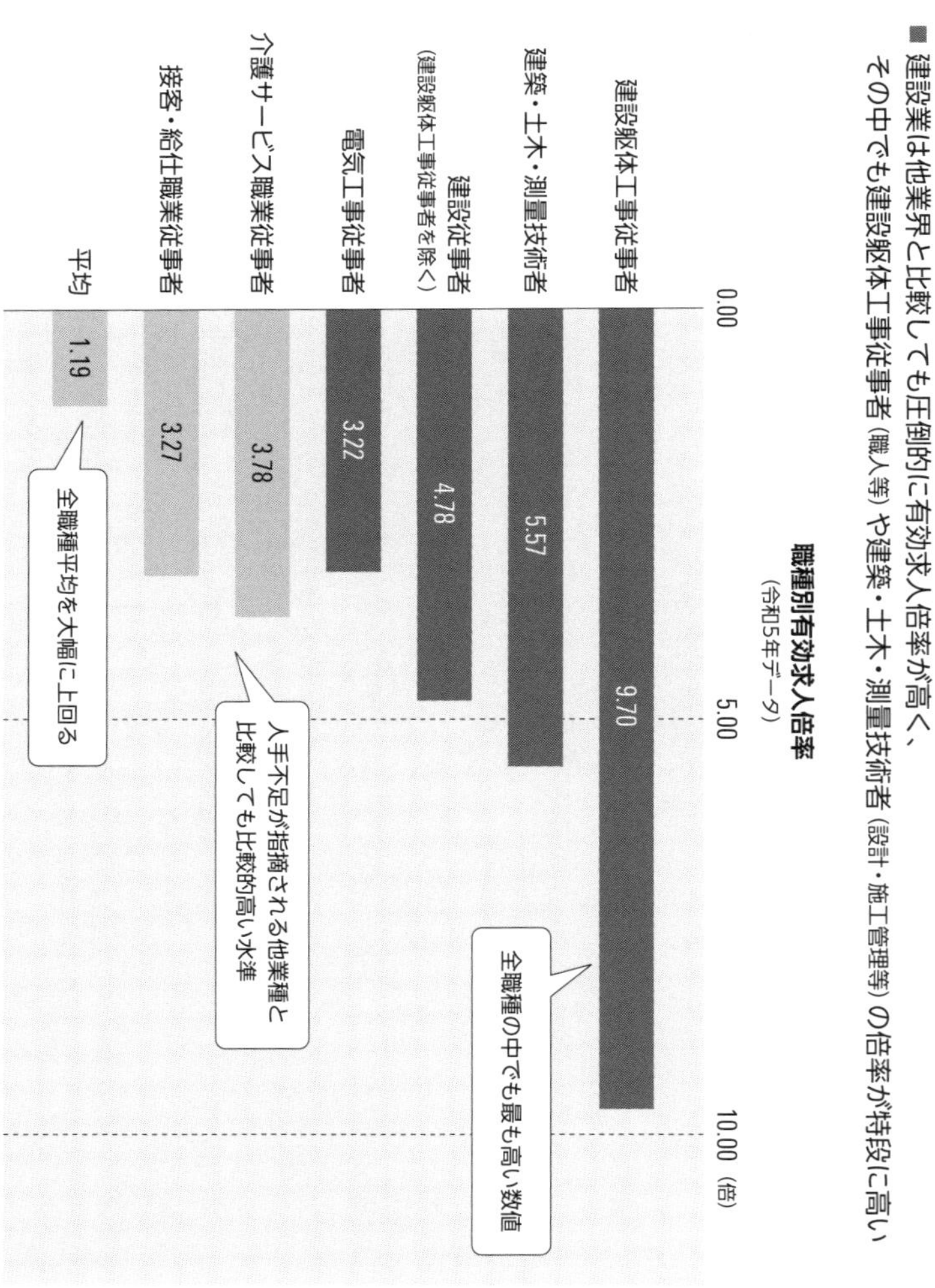

出典：厚生労働省「一般職業紹介状況（職業安定業務統計）」より

こうした中で、さらに高齢化も急速に進んでおり、「技術」の継承が大きな課題になっています。

建設業界はこれまで、「背中を見て覚えろ」的な指導が当たり前でした。

何も知らないまま現場に入り、そこで先輩の仕事を見ながら一生懸命覚えるといった具合です。もちろん丁寧に教わることもありますが、基本的には「技術を体系的に教育する」という体制は整っていませんでした。

人材不足で、特に次世代につながる新しい人がなかなか入ってこない一方で、せっかく入ってきた貴重な人材をどう育てるのか。そして、これまで培ってきた日本の建設業の技術をどう継承するのか。

さらには、アップデートして技術革新も行わなければなりません。

どんなにDXが進み、GXに対応したとしても、実際に現場で動く職人の方々の技術はきちんと受け継がれていかなければならないのです。

では他の業界ではどのような技術継承が行われているのでしょうか。たとえばシステムエンジニアの世界では、企業に所属するエンジニアもフリーのエンジニアもネット上でつながることができるプラットフォームが多数存在しており自由に情報交換などをしている様子が見てとれます。

システムエンジニアは、もともとデジタル上で活動しているのでスムーズにつながりやすい側面がありますが、建設現場というリアルで働いている職人の方々にも、デジタル空間上で技術を共有し合うという形自体は非常に有益な仕組みだといえるでしょう。

そうしたときに、私がいま注目しているユニークな活動があります。

それは、TikTokやYouTubeなどのSNSを活用したものです。

実際、建設現場で働く職人の方々が、自分のアカウントを持って、作業の仕方やしつらえ方などを、SNS上にアップする活動を目にします。

これは、業界内で大きな流行りになっているわけではないですが、一部でそういう動きがあるのだとしたら、建設業従事者向けのネットメディア、プラットフォームを活用したマーケットプレイスをつくるのも面白いのではないかと思っています。

SNSの中で、職人の方々が技術などを自由に発信し、それを共有する。この中で、より良い手法や改善案なども出てくるかもしれません。

さらに、自社内だけではなく、業界全体で技術継承をしたり、別次元の技術革新が生まれたりする可能性さえあるのです。

組織を超えて、デジタル上で技術を共有

従来のように建設現場の技術の継承は、会社や組織内のベテラン職人から学ぶというタテ方向だけではありません。むしろ、これからの時代は、デジタル空間上でヨコやナナメという多方向から学べるという形が整ってこそ、建設業界全体として有効になってくるはずです。そうして建設業界内で組織の枠を超えて、情報発信や情報共有がどんどん活発化すれば、業界全体として技術が継承され、また技術革新が生まれる土壌が育まれていくと思います。

そうした環境が整えば、前述したSNSにおいて情報発信する職人の中から、次第に人気を集めるインフルエンサーが誕生してくるかもしれません。たとえば工具メーカーなどが自社の最新の工具類をそうしたインフルエンサーに提供し、使い勝手や使用感などを発信していくような動きが出てくれば、そのメーカーがスポンサーになり、職人は現場で働く以外の収入が得られる道が開ける可能性もあります。

そうすると、「あの職人さんは最近、ＳＮＳをやっているから羽振りがいいみたいだ。なにしろ高級車を乗り回しているからね」といった世界が生まれてきたりするかもしれません。

このように建設現場の職人の方々が、より個性豊かに輝けるようなエコシステムが形成されていくと素晴らしいのではないでしょうか。

産業全体の魅力度向上により、優秀な労働者の安定的な確保を

これまで繰り返し述べてきたように、建設業界の人手不足は深刻です。その理由として建設業界に対する魅力の低さがあると思います。

なぜ魅力が低いのか。

第一は収入です。

多重請負構造の中では、基本的に下部レイヤーに行くほど収入が減っていく傾向にあります。かつては現場職人が稼げていた時代があり、普通の会社員よりも収入が高

いということで人気もありました。

しかし、いまはそういう状況ではありません。

もう一つは、いわゆる３Ｋ「きつい」「汚い」「危険」な仕事といわれるように、労働環境の悪さも建設業の魅力低下の要因です。そこでいま、業界を挙げて、従来の３Ｋの代わりに「給与」「休暇」「希望」の新３Ｋを打ち出し、さらに「かっこいい」を加えた４Ｋを目指して取り組んでいます。

また国土交通省は、業界の魅力度向上に向けて、「建設キャリアアップシステム」の浸透を進めています。

これは、技能者の資格、社会保険加入状況、現場の就業履歴等を業界横断的に登録・蓄積する仕組みで、システムの活用により技能者が能力や経験に応じた処遇を受けられる環境を整備し、将来にわたって建設業の担い手を確保することを狙いとしているのです。

この、「建設キャリアアップシステム」の構築を進め、技能者が適切な評価を受けられるようになることは大事な取り組みといえるでしょう。

ただ一方で、それだけではわからない評価基準があると私は考えています。

たとえば、遅刻や無断欠勤をしない、当日急に休まないなど、まじめに誠実に働くという別の評価基準があるべきですが、残念ながら、この「建設キャリアアップシステム」ではそうした評価はできません。

そうした中で、建設業界向けの職人マッチングアプリやサイトが多数存在しています。「助太刀」「ツクリンク」「CraftBank」といったものが代表的です。

これらは個人経営の職人とビジネスパートナーになりたい企業をマッチングさせるデジタルツールとなります。

企業側は、従来、職人同士や企業同士などリアルな紹介を通じて職人を探していましたが、人手不足で職人の確保が難しくなっています。

その半面、マッチングアプリを使えば、職人を確保する可能性が拡がっていくでしょう。

職人の方々にとっても、現状では紹介で仕事をもらうケースが多い分、独立をすると、ネットワークが不足して仕事が得られないことがあります。しかしながら、職人マッチングのアプリやサイトがあれば、自分に合った仕事をネットで見つけられるので、企業側、職人側双方にメリットがあるのです。

ただ、実際に使用している企業側の話を聞くと、依頼したものの突然休まれるのではないか、品質が良くないのではないかなど、懸念を感じてしまう側面もあるようです。アプリやサイトの情報だけでは、職人の性格や態度などまではわからないからでしょう。

いわゆる、ランサーズやクラウドワークスなど一般的なクラウドソーシングでも見られるレーティングは、今後、浸透していってほしいと個人的に感じています。

実際に、職人というものをどのように評価すべきなのかという難しさはあるかもしれませんが、そこを乗り越えて適切に評価し、まじめに取り組んでいる人がデジタル上で評価され、紹介などの垣根を越えて仕事が集まってくるという土壌を整備できれば、健全な競争の循環が生まれてくるでしょう。

仮に「建設キャリアアップシステム」とも連動する仕組みができれば、職人を総合的に評価できるようになり、その上でマッチングが図られるので、企業側と職人の双方にとってより良いシステムになっていくはずです。

その結果、評価の高い職人は引く手あまたになるでしょうし、収入アップにもつながります。そういうシステムの構築が求められています。

Chapter 02のポイント

1. 「虫の目」の効率化だけでない「鳥の目」を持った構造改革。階層の垣根を超えたリーダーシップが必要に

2. 曖昧性で成り立ってきた業界慣習に「可視化」は喰い込めるか。勇気のある意思決定の集積が真のDXにつながる

3. 中期市場を見据えた需要創造型の提案が次世代の利益を創る。シナリオを描けるかどうかが勝負の分かれ目に

4. スキルの伝承く共有＆進化。「現場のリアル」に寄り添った共感型のソリューションの構想が技術の継承に貢献

5. 健全な競争への転換が建設業のキャリアの未来を切り拓く。頑張った人が評価されるゲームルールの構築を

Chapter 03

3つの視点で、「不動産業界」の未来戦略を

このChapterでは、Chapter01でお話しした不動産業界が抱える課題を踏まえて、不動産業界の各企業が考えるべき未来戦略についてご提案をしていきます。

不動産業界は大きく、「開発」「流通」「管理」の3分野に整理されるので、それぞれの分野についての状況と今後の展望に触れていきましょう。

開発 1

ソフトとハードの両面で付加価値を高め、新しい出口戦略を探索

まずは、不動産業界の「開発」から見ていきましょう。

開発については、「収益・事業用」と「実需」に分かれます。このうち、まず「収益・事業用」カテゴリにおいては、いま厳しい状況に追い込まれているといえます。

たとえば投資用マンションは、多くのサラリーマン投資家にとって、唯一、金融機関からの融資を受けられる金融商品である、という点で代表的なものでした。ただ、現行のモデルのままでは、ビジネスモデル自体の継続が危ぶまれているように感じます。

背景の一つとして、土地価格の上昇に加えて、建設業界の原価高騰のあおりを受けて、マンション価格が急騰していることがあります。そして、マンション価格が上昇しても、その出口である賃料に転嫁できないという難しさがあるのです。

不動産オーナーからすると、購入価格は上がっているけれども、賃料が変わらない

となれば、利回りが低くなり投資の魅力は低減してしまいます。

逆に、デベロッパーがオーナーへの利回りを確保しようとすると販売価格を落として粗利を下げることになります。そのような状況の中では、金融機関としても融資や物件評価に対してシビアな目を向けざるを得ません。

このような現状から、投資用マンションそして事業用不動産は今後どうなっていくのかという不安が業界内に拡がり、市場では投資家の獲得競争が激化しています。そこを勝ち抜くために、不動産会社には新たな出口戦略の強化が求められているのです。

そこで重要になるのが、これまで以上に不動産の付加価値（差別化）を高めて、賃料やテナント料を引き上げられるような出口戦略を考えることです。

それを具体的にいうと、不動産のソフト面とハード面の両面から、その付加価値を上げることになるでしょう。

引き続き、投資用マンションを例に挙げて考えてみましょう。

ご存じのように、付加価値向上としてよくあるケースが、浴室にサウナを付けるとか、ワークスペースを設けるといったものです。

しかし現実的には、実際にサウナやワークスペースを設けることで、賃料がどれだけ上がり、利回りがどのくらい増えるのかという計算はなされていません。あいまいな議論で終わってしまっているケースがほとんどなのです。

この付加価値をいかに高めるかということを考える上で、重要なポイントがあります。それは、視線をエンドユーザー(利用者)に向けることです。

これまでデベロッパーや不動産会社は、地主や不動産オーナーにだけ目を向けていました。そして、賃料の高さや利回りの良さばかりを訴求してきたのです。つまり、この限られた土地に、いかに効率的に部屋を多く配置して、稼働率を高めるかといった発想です。オーナーサイドも、これまではそれを求めていましたので、ビジネスが成り立っていました。

その結果、似たようなマンション、代わり映えのしないオフィスがたくさん生まれてしまったのです。

確かにそれは合理的なので、オーナーに目を向ければこうなってしまうのですが、社会が大きく変わり、需給のバランスも変わってきている中で、いまやそれだけではビジネスが成り立たなくなってきています。

そうした効率性の追求だけの観点ではない、より違った付加価値を提供できないと、事業用不動産はますます厳しくなっていくでしょう。

では、どのような付加価値をつければ、マンション入居者やテナント入居者は賃料アップを受け入れてくれるのでしょうか。

そのヒントがありますので、少しご紹介します。

当社が実施した「賃貸レジデンスに関するニーズ調査アンケート」があります（次ページの図9）。これは増加傾向にある、都内のＤＩＮＫｓ世帯を対象にした賃貸レジデンスにおけるニーズの深掘りを目的にしたものです。それによると、次のようなことが浮かび上がりました。

■「ペット対応」は一定ニーズが存在するものの世代間によってギャップが存在する
■「サウナ付きマンション」については賃料への跳ね返りの期待は低いと思われる
■一方で、「浴室乾燥機」や「複数層ガラス（防音）」は底堅く人気となっている
■「20～35歳未満」層では、ＩｏＴへのニーズが高いことがわかる

もちろん傾向でしかありませんが、このように入居者のニーズに目を当てることで、今まで見えなかった気付きを得ることができるはずです。

ここで次に、少しオフィスにも目を向け、当社が２０２４年に実施した「オフィスに関するニーズ調査アンケート」の結果も少しご紹介しましょう。

図9 DINKs「世代別」マンションに求める設備

■ ペット需要の高さの割には23~40歳未満には“ペット仕様内装”への費用負担意思はなく、そこまでの専門対応の必要性を感じていない様子

■ **“室内の快適性”**や**“家事負担軽減”**につながる観点が費用負担意思に関わるポイントとなってくる

	23~30歳未満			30~35歳未満			35~40歳未満			40~45歳未満			45~50歳未満			50~55歳未満			55~60歳未満		
	順位	pt	家賃加算価格	順位	pt	家賃加算価格	順位	pt	家賃加算価格	順位	pt	家賃加算価格	順位	pt	家賃加算価格	順位	pt	家賃加算価格	順位	pt	家賃加算価格
食洗器	4	64	1,277	6	86	1,512	4	49	1,333	5	41	1,333	11	49	970	13	20	437	12	22	708
床暖房	6	63	1,206	5	93	1,645	3	59	1,450	1	65	1,921	3	78	1,482	4	53	1,148	3	59	1,628
全館空調	9	40	768	9	76	1,325	5	48	1,279	8	35	939	8	65	1,287	5	43	956	6	44	1,292
浴室乾燥機	1	121	2,284	1	144	2,669	1	89	2,101	1	65	1,781	2	113	2,189	2	74	1,830	2	72	1,965
ディスポーザー	11	32	606	7	79	1,410	9	38	1,054	10	29	728	6	66	1,457	9	32	770	7	42	1,283
複層ガラス(防音)	3	65	1,419	2	112	1,928	2	76	1,938	3	64	1,763	1	126	2,634	1	75	1,622	1	73	1,991
可動式間取り(間仕切りの開け閉めができる)	12	27	516	11	73	1,265	12	26	605	7	38	1,096	9	63	1,274	8	36	919	7	42	1,221
ペット仕様の内装(消臭壁紙、傷がつきにくいクロス)	7	53	1,181	7	79	1,464	7	45	1,047	4	46	1,237	4	74	1,409	3	59	1,393	4	57	1,584
浴室サウナ	10	36	794	10	74	1,452	10	33	922	12	22	570	6	66	1,341	9	32	741	10	39	1,230
スマートキー(手ぶらで入退館可能)	4	64	1,277	4	101	1,867	6	46	1,341	9	32	798	10	58	1,024	7	41	889	7	42	1,292
スマートドアホン(アプリ等で訪問者の確認が可能)	2	82	1,826	3	103	2,349	7	45	1,202	6	40	1,000	5	69	1,451	5	43	1,074	5	50	1,451
スマートライト(アプリ等で照明の切り替えが可能)	8	41	839	12	57	1,078	11	30	791	11	25	632	13	34	665	12	21	541	11	24	743
スクリーン	12	27	581	13	45	831	13	19	550	13	13	351	12	35	780	11	22	674	12	22	673
その他(これなら追加で払ってもいいと思うもの)	14	7	183	14	5	122	14	3	79	14	4	113	14	8	185	14	15	636	14	6	174

出典:リブ・コンサルティング

これは、テナントの認識を明らかにして、現在のオフィスビルニーズおよび将来想定される変化を把握するため、主要都道府県の従業員50人以上の企業に対してアンケート調査を実施したものです。

このアンケートを集計・分析したところ、次のような傾向が見て取れました。

■「ZEB」などの環境対応型ビルに対しては、省エネによるランニングコスト（水道光熱費など）の恩恵による「賃料還元効果」までを見越すと、企業規模にかかわらず、どの会社も関心が共通して高まる。

■環境対応型ビルへの入居希望理由としては、「従業員満足度の向上」と「企業ブランディング」の側面が重視される傾向にある。

また、基本的に業種を問わず、賃料坪単価あたり500〜1000円の追加を良しとするケースがボリュームゾーンであるものの、現時点では「賃料追加を検討していない」企業のボリュームが大きい。その中でも、「製造／金融・保険／不動産」については坪単価あたり2000〜3000円以上の追加価格も良しという傾向が見て取れる。

このように事業用不動産も付加価値を高めることで、賃料アップの可能性は十分にあるのです。

不動産業界各社は、レジデンシャルに住まう入居者、そしてオフィスビルに入るテナント企業、それぞれのエンドユーザーに向き合い、何が求められているのかを真剣に考えた上で、出口戦略を見出していくことが大切でしょう。

付加価値を高める上でのクロスエネルギー構想

たとえば、新たな付加価値を模索していく上で、業界の外にある状況を鑑みた場合には、「電力エネルギー」への着目が挙げられます。

エネルギーマネジメントにおいて、電力会社や電機メーカーなどがしのぎを削る中では、建物の電力供給をつかさどるカギの一つとして「分電盤」が挙げられます。分電盤による電力供給にＡＩなどを絡めることによって、最適な電力供給のマネジメントやビッグデータの収集による新たな事業機会の拡大を模索することができるのです。

ただ、分電盤へのアクセスの権利関係から、その実現には苦戦を強いられています。この状況を俯瞰した場合、実は、分電盤へのアクセスに一番近いのは不動産会社だといえます。設計段階から組み込むことが可能ですし、入居者や組合とのコミュニケーションも容易です。

デベロッパーが付加価値を創造する場合に、これまでの延長線上でしかない、ハードやソフトでの付加価値創造合戦に臨むのではなく、「エネルギー」という観点で視野を広げていけば、その物件に住まう人々が最適な電力供給による恩恵を受けることで、支払う電気代を下げることができるかもしれません。そうなれば多少家賃が高くても自分らしい暮らしをするための賃料を捻出することができるでしょう。

たとえば、オーナーの余剰資金を集めて電力発電所を運営する、といったことも考えられます。こうすれば、大手の電力会社から電気を買う必要がなくなり、電気代が上がり続ける中でも、電力競争からいち早く抜け出した上で、災害に対するレジリエンスが高い物件を提供することができるでしょう。

入居者やテナントにしてもランニングコストが下がることになり、オーナーにしても自身が余剰資金を活用してグリーンに投資することで、長期にわたり物件の価値が維持され続け、結果、デベロッパーも競争優位を保つことができるようになります。

このように所有と利用の分離を、物件だけではなく、エネルギーまで広げていくことにより、なめらかな社会への構築につながる、三方良しのエコシステムが実現していくのです。

実需不動産は「コンパクトシティ構想」が加速

ここまで収益・事業用不動産の話をしてきましたが、「実需不動産」についても少し触れておきたいと思います。

実需不動産とは、実際に買って住むということですが、この市場も人口減少を受けて厳しい状況にあります。

そうした中で、郊外から都心への回帰が起きて、マンションにさまざまなサービス、付加価値をつけて、マンションだけで生活が完結するようなコンパクト化が進んでいるのです。

このコンパクト化とは、たとえば、三井不動産レジデンシャルが「ミクストユース型街づくり」を、野村不動産が「都市型コンパクトタウン」をといった具合に、安全で快適な住宅はもちろん、商業施設やスポーツ施設、シニア向け施設、公園、病院、学校、研究施設など、さまざまな施設が自宅から歩いて行ける範囲内に凝縮された街づくりのことになります。

これが、「コンパクトシティ構想」といえます。

このコンパクト化の流れは、都会だけではなくて、地方都市でも同様の動きが見られています。
国土交通省は、都市計画上の用途地域だけでなく「立地適正化計画制度」を創設し、都市と住まい機能のコンパクト化を進めているのです。これは災害面を考えると、住民が分散して住んでいては、人命救助にもコストがかかるといった発想から生まれています。ただ、高度経済成長期における郊外の山を切り開いて住宅地を開発するという街づくりとは異なり、商業施設や住宅を都市の中心部に集約させる「コンパクトシティ構想」の流れに即したものといえるでしょう。

コンパクト化はデベロッパーや利用者にとって短期的には合理的である側面、画一化が進むにつれて、それぞれの街が代わり映えしなくなり、立地以上の価値を生み出しづらくなっていくでしょう。

Well-beingの流れを踏まえると、「そこでしか実現できない暮らし」が重要になり、それはコミュニティやコンセプトのデザインの中で生み出されるはずです。「部分的に見たら合理的ではないものの、全体で見たら整合性がとれて付加価値創造につながる」。そんな空間づくりへのチャレンジが必要であり、デベロッパーの枠を超えた自由な発想の中で生まれていかなければならないと考えています。

開発 2

新たなる資金調達法を手にして、異業種からの参入に対抗する

不動産開発における資金調達法は、ますます多様化しています。REIT（不動産投資信託）も普及し、現在、上場REIT数は50を超えます。

また、事業者が投資家を募って資金を集め、共同で不動産投資を行う「不動産クラウドファンディング」もかなり浸透してきているのです。

特にCREALは自社でファンドを保有し、他社物件も取り扱うことで、市場においてポジションを確立しています。

しかしながら、大手のデベロッパーについては「小口投資を募る旨味」がマーケティング観点以外にあまりないため、参入が進んでいない状況です。

さらに不動産投資の新しい選択肢として、ブロックチェーン技術を活用した「不動産セキュリティ・トークン」と呼ばれる、デジタル化された金融商品（有価証券）も登場しました。

そして、この不動産セキュリティ・トークンを活用した資金調達法を「不動産

STO（セキュリティ・トークン・オファリング）」と呼ぶようになっています。そして、2024年8月時点で30強の物件からセキュリティ・トークンが発行されているのです。この普及に向けては「Progmat」や「ibet for Fin」などが、複雑なブロックチェーン領域において、プラットフォーマーとして活動しています。また、東京都はセキュリティ・トークン普及に向けた助成金を用意しているのです。

これらの資金調達法に共通するのは、いずれも個人投資家らから小口で出資を募ることです。幅広く資金を集めることで、不動産開発における資金調達の難易度が下がってきました。

このように、多くの投資家から資金を集めやすくなったことで、不動産開発の幅が拡がり、可能性が高まってきている状況だといえます。

一方で、市場が成熟していないため、投資家が足踏みしているのも事実です。たとえば、不動産クラウドファンディングは市場やルールが形成される前に、ある意味、無法状態の中で多くのプレイヤーが参入してしまったことで、ありもしない利回り表現がされていたり、行政処分を受ける商品が発生したりとマイナスイメージがついてしまっているのです。

この市場イメージを覆すためには、行政のルールメイキングの動きを待っていては市場の好機を逃してしまうかもしれません。

「不動産」と「金融」が絡み合う領域であるため、早期に「安心」「信頼」を投資家に向けてアピールすることが必要です。「創成期」の市場であるからこそ、誰かがやってくれるという他責思考ではなく、事業者側が競争をしながらも、一体となって手を取り合い、早期に公平・公正なルールメイキングを主導することが必要です。

実際に民間主導で「不動産クラウドファンディング協会」も立ち上がり、業界全体への啓発活動を進めています。ここからは、ブランド力のあるデベロッパーの参入を促すことなども進めていかなければならないでしょう。

その中では、ＮＩＳＡとの明確な差別化を行いながら投資家・プレ投資家に対して健全な啓発を進めていく必要があるかもしれません。

とはいえ、小口投資市場は実際には拡大を続けており、事業用不動産の市場に大きな変化をもたらし始めています。

その一つが異業種からの参入です（１０４ページの図10）。

たとえば、ＲＥＩＴを活用して物件を保有し、不動産活用の幅を広げる事業者が続々出てきています。つまり、運営サイドによる不動産活用の多角化が進んでいるのです。代表例でいうと、イオンが商業施設を所有し、小売り特化の企画・開発・運営を行っています。

また、星野リゾートやアパグループはホテルを持ち、宿泊特化の企画・開発・運営を手がけているのです。

さらに、医療・保健・福祉・介護のヘルスケア分野で事業展開するシップヘルスケアＨＤは、医療・福祉特化の企画・開発・運営を行っています。

こうした動きが何を意味するのかというと、前項でデベロッパーは不動産オーナーだけではなく、その先のエンドユーザーである入居者やテナントに目を向けることが重要だと指摘したように、イオンや星野リゾートなどの企業は、まさにエンドユーザーに密接した専門家なのです。

ですから、これらの企業は不動産の付加価値向上に非常に長けています。だからこそ、不動産会社が自社開発でショッピングモールを運営したり、ホテル事業を営んだりするよりも、こうしたイオンやアパグループのような企業が運営したほうが、高い収益力を発揮するであろうことは明らかでしょう。

このように、異業種の企業が不動産活用で新しい価値創造を提供する動きは、今後

図10　運営サイドによる“不動産活用の多角化”

■ すでにREITを活用した物件保有、不動産活用の幅を広げる“事業者”の存在

■ 今後、REITを活用していく可能性も考えられる新しい価値を創造するプレイヤーの存在

	REIT活用での物件保有の“事業者”	不動産活用での新しい価値創造“事業者”
ホテル	・星野リゾート／アパG ➡ “宿泊”特化の企画・開発・運営	・NOT A HOTEL (2022年8月オープンハウスG出資による共同開発) ➡ 宿泊会員権の“NFT化提供”
ヘルスケア	・シップヘルスケアHD ➡ “医療・福祉”特化の企画・開発・運営	・ツルハHD／ウエルシア薬局 (2024年2月ツルハHD、イオンG入りへ(G内にイオン薬局も保有)) ➡ 薬局を用いた“身近なヘルスケア提供”
物流	・CRE／GLP／プロロジス ➡ “物流”特化の企画・開発・運営	・STOCKCREW (2023年10月プロロジスとの業務提携) ➡ 物流倉庫の“小口利用化提供”
商業施設	・イオン ➡ “小売り”特化の企画・開発・運営	・刀 (2024年3月保有を森ビル／企画・開発・運営を刀が実施) ➡ エンタメ施設の“没入型体験提供”
オフィス		・WeWork Japan (2024年4月ソフトバンク100%子会社が事業承継) ➡ オフィスの“シェアリング化提供”

出典：リブ・コンサルティング

ますます増えていくと予想されます。

実際に2024年には、NTTデータがデータセンターREITの参入を発表しています。自身のオフバランスの文脈もあるものの、実際のデータセンターの運営にも携わるNTTデータだからこそ、データセンター需要を反映させたREIT運用をすることができるようになっています。

異業種からの参入の脅威に備えよ

不動産オーナーではなく、エンドユーザーを重視し、そこに特化したプロフェッショナルが不動産事業に参入してくるということの動きは、既存の不動産会社やデベロッパーからすると相当な脅威になります。

既存の不動産会社やデベロッパーが、従来のように不動産オーナーばかりに目を向けていては、とうてい太刀打ちできないでしょう。

とはいえ不動産業界で、本質的にその脅威に気がついている企業がどれだけあるのかというと、はなはだ心もとない状況です。現状は、まだまだオーナー重視の姿勢に変化が見られません。

しかし早晩、エンドユーザーに目を向けなければいけないときがやってきます。ただ、そのときには、市場のかなりの部分を異業種の企業に占有されている可能性があります。

あらためて、不動産オーナーだけではなく、その先のエンドユーザーに目を向けた付加価値向上に力を入れていくことが重要だと指摘しておきたいと思います。

他方で、資金調達法の多様化によって、不動産会社やデベロッパーは新たなビジネスチャンスが期待できる面もあります。

たとえば、これまで投資用マンションの一室を所有するオーナーは、仮に毎月10万円の利益を得ていたとして、基本的にそれを預貯金として寝かせているケースが多いのが実態です。そこでマンションの開発業者が不動産セキュリティ・トークンを活用して、仮に1000人のオーナーから100万円を集めたら、10億円になります。開発業者がこの資金を運用する仕組みをつくることも考えられるのです。

オーナー一人で月10万円の原資では何もできなかったかもしれないですが、同じマンションのオーナーたちが集合型で運用していくことによって、大きく資産を増やしていくことも可能になるでしょう。

これは資金調達方法の多様化の恩恵の一つだと思います。資金調達法の多様化は、不動産業者、デベロッパーにとって大きなビジネスチャンスになると理解して、早急に動いていくことが必要でしょう。

アントファイナンシャルから見る、個人の新たな資金調達手段

現在、金利が高くなっている中で、個人の融資枠が小さくなる恐れがあります。デベロッパーからすると、いかに属性の良いオーナーを見つけて販売するかという勝負になってきますが、視線を海外に向けると違った事例が出てきています。

その代表例の一つが、アントファイナンシャル（現在は「アントグループ」）でしょう。アリババの子会社であり世界最大のオンライン決済プラットフォームである「Ａｌｉｐａｙ」を運営していることで広く知られています。

彼らは、決済プラットフォーム上の公共料金や電話料金の支払い状況や遅延状況など、あらゆる決済データをビッグデータで解析することで、個人の信用力を可視化する取り組みを始めています。

実際にスコアリングデータをもとに融資をした際の貸し倒れリスクは、これまでの

10分の1まで下がったと聞いています。

このように勤続情報や年収などの狭い情報だけではない膨大なデータに基づく個人の信用力の可視化が実現されれば、金融機関の融資枠を拡げることも可能になり、新たな市場を創造することが実現できるでしょう。

国内のオンライン決済プラットフォームと組む、オーナー・入居者の返済・支払い状況からのスコアリングを試みる、といった具合に可能性は大いにあるはずです。自社で金融業に参入する、金融機関に融資枠を売るなど、その手段も多様だといえます。まだ国内に目立った動きが見られる状況ではないですが、注目をしたい領域であることは間違いないでしょう。

流通 1

中古物件の課題を解決。キーワードは〝再生〟と〝コンバージョン〟

ここからは「流通」、その中でも、まずは「ストック不動産」について、次に「不動産情報の流通」について触れていきたいと思います。

新築分譲マンションは、売価をできる限り抑えることを目的として、少しずつ戸あたり面積を小さくしていっています。これは、デベロッパーの企業努力ともいえますが、バブルのころは１００㎡超えもめずらしくなく、リーマンショック後も80㎡は当たり前、それが現在は60㎡台でファミリー向けという状況ですから、「新築よりも中古物件のほうが魅力的」となっていくのは時間の問題です。この先は、いままで以上に中古物件にスポットライトが当たってくるでしょう。

日本は、もともと住居の住み替え回数が少ないという特殊性があります。また、戦後、市場に対する住宅供給が追いついていなかった時代に、住居を大量生産し続けてきたという背景もあります。さらに政府は、ＧＤＰにキャップを付けきれない中で新築購入者に有利な税制度を継続してきたのです。

そんな背景からでき上がった新築偏重の文化の中では、とにかく新しい土地を切り開いて、新しい建物を建ててきたデベロッパーやハウスメーカーと、同時に、新築住宅にステータスを感じていた消費者がいました。その状況は、現在まで基本的に変わらず続いているといえるかもしれません。

こうした背景があり、前述の中古マンションのリノベーションの話もそうですし、戸建て住宅も同じですが、建てて終わりで、建てた後の資産価値をどう維持していくかというところに対しては関心が向かわずに今日まで至っているのです。リノベーションという言葉も、この10年ぐらいでようやく一般化したというのが実情でしょう。

しかし、そうしていると、家の資産価値は購入した時点から右肩下がりで低下し続け、最終的には老朽化した上物だけが残るという形になり、処分できなくなった空き家がこれから続出することになります（空き家問題についてはChapter05で詳しく述べます）。

ですから、中古物件の再生をどうするか、さらにはコンバージョン（変換、転換）を含めた中古物件の流通活性化をどうするかを考えていかなければなりません。

また、オフィスやビル・ホテルなどは、一定の好条件の立地があり規模も大きいため、利活用の幅が広く、最近でもインバウンドニーズの増加からオフィスビルをホテルにコンバージョンする動きなども活発化しているように見受けられます。

一方で戸建てやマンションについては、利活用の幅が狭く、その再生やコンバージョンには課題が多く存在しています。

現在、「不動産の三極化」ということが指摘されています。この三極とは、「価格が維持、もしくは上がり続ける物件」「価格がゆるやかに下落する物件」「限りなく無価値になっていく物件」になります。

そして、この三極化は、いま、確実に進行しているのです。

たとえば、「価格が維持、もしくは上がり続ける物件」は、市場の約15%といわれています。それ以外の大半の物件は下落し、最終的に無価値になるのです。

そもそも不動産の情報流通業は、情報を回しているだけですので、三極化などはあまり関心がなく、価値が上がり続ける物件については含み益をとり、業界内で物件を回し合っているだけになります。他業界で見ると年収が上昇局面であるいま、人材紹介業が人材をぐるぐる回しているのと同じ構造でしょう。

ただ、人はキャリアを積む中で市場価値が上がる側面がありますが、物件については、修繕やコンバージョンをしなければ価値は下がり続けます。需要サイドである人口も減少しているのです。

この構造自体が、三極化を生み出しているともいえるでしょう。

とはいえ、なんでも一概に再生だということでもないと思います。再生可能性が低い物件はその役目を終え、適切に精算されるという道を整備する必要があります。一方で活用可能性がある物件は適切に再生されるという棲み分けが重要でしょう。

国内需要が少なくなる中で「所有」だけでなく「利用」を促す。もしくは、国外の需要をつかみ取る。いずれもポテンシャルは大きいです。活用者側も物件の仕入れ値は下がっていく状況ですから、そこにコンセプトを乗せることで利ざやの確保もしやすいでしょう。コロナショックにより進んだ在宅ワークや多拠点生活の増加も背中を押してくれています。

一人が利用する拠点を増やす、複数人で利用する拠点を増やすことにより、人口減少を続ける中でも需要を喚起し、中古の再生ニーズを生み出すことができます。日本人の意識は、自動車をはじめとするさまざまなモノに対して、「所有から利用へ」と変化しているのです。

不動産に関しても、民泊をはじめとした利用にフォーカスが当たるようになり、従来のように「居住して、住まう」という使われ方だけではない多様な在り方が出てきています。

中古物件についても、再生の在り方自体や、コンバージョンの手法、用途への発想を変化・進化させていく必要があるでしょう。

シェアリングから再び「所有」へ

ただ一方で、ある程度「所有しない」という利用の仕方が進んでいくと、今度は逆に「所有に戻る」といった瞬間がくるような気がしています。たとえば、田舎暮らしにあこがれてシェアハウスで生活してみたら、予想以上に気に入って、その土地に中古物件を購入し、リノベーションして再生するというような動きです。

今後、こういった流れが増えてくるのではないかとみています。

つまり、「所有」しか考えていなかったところから、「利用」を知り、利用することで多様な生活スタイルがあることを発見して、気に入った場所でもう一度「所有」に戻ってくる。こういったストーリーです。

「家いちば」というネットサービスがありますが、ここからは一つの可能性が見えます。これは、活用可能性がないようなボロボロの物件や活用可能性が少ないような土地に、売り手がストーリーを載せて掲載するのです。買い手の多くはまだまだ富裕層が多いと思いますが、別荘や遊びといった用途で、それらをキャッシュで購入するのです。都市部郊外に限らず、私も地方において、このサービスに限らず、実際にそういった動きを目にします。低価格の物件向けのローン商品も拡充している中で、富裕層に限らず、物件を「所有」する人も増えてくるでしょう。

こうした動きが活性化していったときに、その需要に対して、適切な再生、そして適切な用途変更を提案するといったことを、供給サイドである不動産業界がしっかりと実施していけば、中古物件の流通が活発化していく可能性は大きいと思います。

そうすれば、いま新築だけではビジネスが厳しくなっているデベロッパーも、中古市場で新たな事業を創出していくことができるようになるでしょう。

長年にわたって「新築偏重」が続く国内不動産市場において、その流れになかなかブレーキがかけられない状況であっても、別次元ともいえる中古物件のポテンシャルを高めていくことで、少しずつ変化をもたらせることができるのではないかと期待しています。

そのためには、不動産業界全体で、こうした認識を共有し、企業や業種の枠を超えて一緒に考えていかなければなりません。

流通 2

〝情報流通〟の改善を進めながら、真の提案力を身に付ける

前述した中古物件の流通活性化にも大きく関係することですが、日本の不動産業界全体で、いま課題となっているのが情報流通の改善です。

情報流通の改善については、2024年4月に、法務省が登記所備付地図のデジタル化と無料一般公開を開始しました。これは大きなインパクトがあります。

これまで登記所備付地図は、法務局によって紙データでの提供が一般的でした。しかし今回、登記所備付地図のデジタル化と無料一般公開によって、物件や所有者情報などが簡易に入手できるようになったのです。

こうしたデジタル化の動きが、今後、さらに進化していくのは間違いありません。

Chapter01でも触れましたが、不動産取引の利便性を高めるために、国土交通省が指定した不動産流通標準情報システム「REINS（レインズ）」があります。これは、宅地建物取引業法に基づき、不動産情報を集約した上で、より多くの不動産会社に物件

情報を提供し、最適な買主を探すことを目的としています。

ほかにも、国交省が不動産の一つひとつにナンバリングを行い、情報を一元化する「不動産ＩＤ」を進めていたり、不動産テック協会も「不動産オープンＩＤ」という取り組みを始めたりしています。

さらに今後はＩＤだけではなく、不動産のあるエリアのハザードマップや生活環境の情報なども一元化されてくるようになると思います。この流れにより、不動産購入の在り方を大きく変革する可能性が拡がります。


Chapter01でも述べましたが、情報が一元化されたその先にエリアの特性や税・助成金、得られるライフスタイルなどの情報も統合されてくれば、さらにインパクトも大きくなるはずです。不動産購入時に、駅距離や築年数、間取りなどの顕在化ニーズに基づいた現行のようなチェックボックス検索を用いずに、ＡＩを活用して自然言語で壁打ちをしながらの潜在的なニーズの探索・発見や最適なオファーを受けることもできるようになってくるでしょう。場合によっては情報の一元化を待たずとも今後のＡＧＩ、ＡＳＩの進化により、勝手に人工知能が情報の一元化を進め始めるかもしれません。いずれにせよ、透明化の動きは不可逆的に進んでいくのです。

このように不動産情報が誰でも簡単にデジタル上で取れるようになると、これまで不動産業者が独占していた情報の非対称性が解消されることになります。

そうなったときに、不動産業者はもはや情報という武器が使えません。不動産会社の差別化要素は情報ではなくなってくるわけです。

「真の提案力」が問われる時代に

では、何で戦えばよいのでしょうか。それは、「真の提案力」ということだと思います。これこそ、不動産業界にとってあるべき姿だと私は考えています。

実は、すでにそういう時代が到来しているのです。それこそが、「不動産エージェント」というものです。

実際、いま、この不動産エージェントサービスが急速に増えています。たとえば、「TERASS（テラス）」が代表的なものになるでしょう。

不動産エージェントは、不動産取引を行う代理人のことで、不動産売買や賃貸借契約での売主、または買主の代理人となって、取引をサポートしていきます。

売主をサポートする場合は、購入希望者の募集や売却価格の交渉、売買契約の助言などをするのです。

また、買主をサポートする場合は、希望する物件の情報収集、購入価格の交渉、売買契約の助言などを行います。

一般的な仲介営業と比較して物件よりも個人に目が向けられることも多い中で、必然的に専門家の視点から、顧客の利益になるアドバイスを行うといったサービスを提供されるようになります。

ここでは、まさに「真の提案力」が問われるようになるのです。

提案力というのは、ＢｔｏＣ（対個人）であれば「どのような人生を送りたいか」という生き方にまで寄り添う必要があるでしょう。ＢｔｏＢ（対法人）であれば、経営全体から考えたＣＲＥ戦略の助言を行うということになるでしょう。

たとえばある買い手が、最終的には実家に戻りたいけれども、いまは子どもが生まれて借家が手狭になった。だから、まずはマンションを買って引っ越したいといった状況になったときに、その人は同時に、何年か後には、そのマンションを売却しようとも考えているわけです。

いずれかの時期に売却しようとするならば、その売却時にできる限り利益を残したいでしょうから、やや高額になるかもしれないけれども、資産価値が落ちにくいような物件を勧める。これが、不動産エージェントが考えるアドバイスの基本になります。

さらに、その人のライフスタイルも考えてみたときには、「このエリアのほうが、豊かな暮らしができるようになると思いますよ」といった提案もするでしょう。さらには子どもの教育環境について「この幼稚園はこうなっていますよ」とか、「あの小学校はこんな感じだから、こちらのエリアの物件のほうがいいと思いますよ」といった話もするでしょう。

米国のように分業化されていないからこそ、日本の不動産エージェントは、プロとして不動産知識はもちろん、法令、ファイナンス、インテリアを含めた実生活のことまで幅広い知識が求められます。

業界の各社は、そんな不動産エージェントの動きに学ぶ必要があるのです。これまでの情報勝負ではなく、広範囲の「真の提案力」が求められる時代に入っているといえます。情報流通のアップデートが、いまこそ必要でしょう。

管理

建物価値を能動的にアップさせ、リノベーションによるGX対応を

最後に、管理について触れていきます。

不動産を適切に維持し、高付加価値を保っていく上で欠かせないのが「不動産管理」です。不動産の管理には、大きく2種類あります。

それは、「ビルディングマネジメント（BM）」と「プロパティマネジメント（PM）」です。

BMは建物管理のことで、建物そのものや設備に関する維持管理を行うための業務となります。具体的には、建物管理、設備管理・保守点検、修繕業務、保安警備、防災、清掃、衛生などです。

一方PMは、不動産の資産価値を高めるための管理・運営業務です。空室対策、空室募集業務（入居者募集・テナント誘致）、入出金管理業務、クレーム・トラブル対応業務、新規・更新契約業務、解約・精算業務などになります。

これまでお話ししてきたように、不動産の三極化の流れから、特に都市部の好立地

においては、デベロッパーは新築物件の仕入れが非常に難しくなっています。

こうした状況の中でグループ企業などにアセットの比重を少しずつ傾斜し、中古物件のリノベーションや維持修繕に力を入れるということが起きています。中古流通は活性化していますし、再生団地プロジェクトが出てきているのもその証左でしょう。

そうした中で、管理ではできる限りコストをかけずに、プロセスを効率化してなにかあれば対応するというディフェンシブな活動が中心になります。一方で、機能の原状回復では、ある程度価値を維持できても高めるには至りません。

今後の不動産価値の動きを見ると人口減少などのトレンドによって需要が低下したマンションやビルは付加価値がない以上、原状回復では価値が目減りしていくのです。これから求められることは価値創造型のオフェンシブ（能動的）な管理ということになるでしょう。

オフェンシブな管理とはリノベーションや時代の移り変わりに伴う付加価値の創造であり、ハード・ソフトの両面で建物をアップデートしていくことが必要です。

キーワードは「グリーン」

オフェンシブなリノベーションを行おうとしたときに、キーワードになってくるのはやはり、環境配慮改修、つまりは、リノベーションによるGX対応となります。ただ現状、本格的なリノベーションやグリーン化は進んでいないでしょう。

その理由としては簡単で、日々の管理業務の積み上げとしての結果（投資対効果・ROI）にフォーカスしてもその絵がぼやけた状態でしか見通せないからです。つまり、どの企業もオフェンシブな管理だ！　ということで、改良を行ったとしても、市場価値・流通価値にどの程度フィードバックされるかがわからないのです。

管理が重要なのは言うまでもありません。マンションでいえば、何十年も前から「マンションは管理を買え」といわれてきました。しかし、その管理で積極的な取り組みをしようという機運はまだまだといえるでしょう。「そもそも取り組んだことが無い」「管理をしているが市場での流通価格や賃料を把握できていない」「不動産仲介業者が査定をする上で考慮できていない」「そもそもマンションをより魅力的に見せて市場に訴求していこうという考えを持っていない」などさまざまな要因がありますが、多くの場合はそのすべてが当てはまります。

不動産価値は需給で決定しますので、魅力的なマンションであれば、「順番待ち」になります。原状回復もできない財政破綻マンション、原状回復しかできないディフェンシブなマンション、時代の流れに沿って社会的価値を付加していくオフェンシブなマンション。どのマンションが次世代に選ばれ、資産として価値を担保していくのかは明確であると思います。

ですから、プロセスと結果を数字で客観的に示すことができ、こういうオフェンシブな管理をしたことでマンションの価値が維持、ないしは高まったということが目に見えてわかるようにする。ないしは、こういうリノベーションをしたことで、賃料がいくら上がって、稼働率がどれだけ改善して、利回りが何%上昇したということがわかれば、中古マンションの管理も変わってくると思います。

ただ、こうした数字はどの会社も定量的に把握していません。リノベーションに積極的なデベロッパーもありますが、そこの相関などをデータとしては取っていないのです。

データがないので、不動産オーナーからすると適切なリノベーションへの投資の判断ができなくなり、「壊れたところだけ修理してくれればいい」ということになっていきます。従って、オフェンシブな管理のデータをしっかりと取って、投資に対するＲＯＩを明確にしなければなりません。そうすることによって、オーナー側もより積極的な意思決定ができるはずです。

マンションの住み心地が良くなり、利便性が高まれば入居者も満足ですし、それによって賃料や稼働率が上がっていけばオーナーも幸せになり、不動産会社やデベロッパーも豊かになるでしょう。中古物件の流通が活発化する中、こうしたオフェンシブな管理手法が主流になっていく動きをつくっていくことが大事だと考えています。

そして、その中心にあるのが「グリーン」、つまり、リノベーションによるＧＸ対応になるでしょう。

実際に、その流れをサポートする動きも出てき始めております。三菱ＵＦＪ銀行は「インパクト不動産（社会的価値を創出する不動産）」への投融資を評価するための重要業績指標を定めました。これは防災や人口減対策といった社会的課題に対しての取り組みができている不動産を評価できるようにしたものです。このように金融機関からの期待も含めて、不動産会社やデベロッパーにとってはＧＸ対応の推進に対する機運が高まってきていると捉えてもよいのではないでしょうか。

いま現在では、これらの重要性を理解し先進的な取り組みを進めているのは、本当に意欲的で優秀な住民がいる一握りのマンションです。都心湾岸エリアにあるので、是非見ていただければと思います。さらに、その一握りのマンションでこのストリームをつくっているのが、デベロッパーでも、管理会社でもなく、管理組合にたまたまいた優秀な区分所有者であるということも、大きな事実であると思います。

修繕積立金の今後の値上がりリスク（大規模修繕時の予算超過）にいち早く対応したのもある管理組合でした。将来の原資不足のリスクに備えて、自分たちで修繕積立金を資産運用に回したのです。

まったくデベロッパーや管理会社が対応していないのかといえば、そうではありません。たとえば、デベロッパーがブランド価値を上げていけばいくほど、中古物件の価値も上がっていきます。プラウドがいい例でしょう。とはいえ、やはり管理会社の能動的な提案にはまだまだ余地があるとも見て取れるため、受けの姿勢から脱却していきたいところです。

Chapter 03のポイント

1. 今後の出口戦略のトレンドに乗り切り、業界の枠を超えた次世代型の価値創造へ。そのマインドセットを鍛えたい

2. 資金調達の多様化により、急速に進む異業種参入や個人信用ファイナンスで激変する業界の景色を次の当たり前に

3. 人口減・ストック増。需給バランス崩れに勝機を見出す、新たな不動産流通のカギは「多様化」と「ストーリー」

4. 情報格差で闘う勝機は目減り傾向。「売り手・買い手双方の顔が見える」からこそできる、真の提案力を磨く

5. 管理で建物価値を向上。無人化トレンドだけでなく、データドリブン×グリーンでオーナーへの能動的な提案を

Chapter 04

着眼点を変え、「住宅業界」の可能性を広げる

変革期にあるいま、〝ファイナンス〟を基盤として新ビジネスモデルを考える

住宅業界が3重苦、4重苦に苛まれていることは、これまでに述べてきた通りです。そうした中で、市場は急速に寡占化が進んでいます。

住宅業界では会社の規模を着工棟数で表しますが、実際、過去10年の市場動向を見ると、年間着工数200棟以上を展開する企業の数は増えているのです。一方で、年間200棟未満の会社の数は減っており、寡占化の状況があることは間違いありません。年間200棟の企業というのは、その商圏でのトップ企業になります。従って、その商圏トップビルダーと、大手ハウスメーカーが力を増してきているという業界構造になっているのです。

とはいえ、人口減少で国内市場は縮小し、特に地方の市場は急速に萎んでいます。そうすると、その少ないパイを奪い合う形になりますので、広告宣伝費も増加する一方です。顧客一人あたりにかける来場単価も上がり続けています。

加えて問題は、人の不足です。

住宅業界は、バリューチェーンが広いという特徴があるので、そこには、集客の担当者、営業担当、戸建てを設計する設計士、内装を整えるインテリアコーディネーター、現場監督をする工務、その先のメンテナンスなどをするアフターといった人材が必要となります。

住宅会社は社内にそれだけの職種の人を確保しなければなりませんが、いまは採用難で慢性的な人手不足になっています。また、採用コストや人件費も上昇しているのです。そうすると原価高騰で粗利（売上総利益）が減り、さらに人件費や広告宣伝費の上昇が利益を圧迫するので、最終利益がほとんど残らない状況になっているのです。

また、住宅業界はこれまでファイナンスの部分があいまいで、どんぶり勘定的な経営が当たり前に行われていました。

たとえば、一棟請け負ったら粗利が30％だとして、2500万円の商品を建てたら750万円が入ってくるというような感じです。

それが原価高騰や人件費などのコスト上昇で、成り立たなくなってきています。そこであらためてファイナンスを基盤とし、PL（損益計算書）とBS（貸借対照表）、加えてCF（キャッシュフロー）をきちんと意識したビジネスモデルの構築が求められているのです。

そうした中で、いま増えているのが「規格住宅」です。規格住宅についてはChapter01で述べましたのでここでは繰り返しませんが、従来の注文住宅に比べて低コストで建てられるので、PLの改善に寄与します。だからこそ多くの住宅会社が、その商品開発を進めています。自社で商品を企画できない場合は、フランチャイズに加盟して商品ラインナップを拡充させる動きも見られるのです。

また、BSの観点では、展示場の在り方についてもアップデートする必要があるでしょう。これまではきらびやかな1億円以上かかるフラッグシップ展示場を持ち、消費者の夢を膨らませて自社に引き込むということが多く散見されましたが、できる限りBSを軽くしようと考えると、そういった展示場をおいそれと増やすこともできませんし、維持費もかさみます。

ですので、たとえば最終的に販売する前提の物件を、一定期間モデルハウスとして利用した上で、売却をしていく「移動式展示場」の有効活用が主流になってきています。ただ、住宅業界がもう少し工夫をしていくと、リアル空間上にモデルハウスを持たずに、デジタル空間で24時間、エリアも問わずに稼働する、VRを活用したモデルハウスが増えてくるでしょう。

デジタル空間上にあるモデルハウスは、維持管理のコストが抑えられ、見せ方も多様です。そもそも、モデルハウスの建設費用は2千万円近くかかっていましたが、これが数百万円に縮小できるようになります。デジタルだからこそ、家の構造の中身までを簡単に見せることもでき、レイアウトも自由に変えられます。

これは、あくまで一例に過ぎませんが、ＳａａＳを導入して生産性を上げるということではない、抜本的なＰＬ、ＢＳの構造改革を視野に入れて早急に対策を打つ必要があります。

中小工務店は資材の共同購入を

そうしたときに、地方の中小工務店にできることとしては、同業者との「連携」という手法が考えられるでしょう。

たとえば、資材を共同購買することで、一社では不可能な規模のコスト改善ができるようになります。つまり、複数社でまとめて資材を購入することで、仕入れ値を下げていくのです。

大手ハウスメーカーでは、積極的に全国展開をして、建築棟数も数千棟から一万棟を超える企業もあります。そうすると、地方の中小工務店とは規模感がまったく違うわけです。だからこそ、それに対抗するための施策が、中小工務店の連携という形になっていきます。

「共同」という概念で動くことは、規模的な経済効果を効かせやすいのです。特に、地元に根付いた地域の工務店の多くは、年間の施工実績が20～50棟程度でしょう。これでは、とうてい資材メーカーとの価格交渉で強く出られません。

だからこそ、同じ地域の工務店が協力することで、資材メーカーに対する価格交渉力を高めていくのです。

実際、こうしたボランタリーチェーンやサービスが、住宅業界には複数あります。こういったところにもう少し目を向けて、中小工務店はそういうものを積極的に活用していくべきです。

たとえば、MOZUという会社が提供するオンラインサービスでは、中小規模の住宅会社が仕入れの課題を抜本的に解決するものがあります。

住宅業界では、取引量の差や商社間の多重構造により、取引額に差が出ている部分がありますが、中小規模の住宅会社は、こういったサービスを利用して、通常直接取引できない資材メーカーや大手1次商社からの材料購入を実現し、大手企業と同等価格で購入していくのです。

すでに住宅業界向けには、さまざまなサービスが存在しています。それらを活用することで、PLを改善して経営基盤を強くしていくことが必要となるでしょう。

しかしながら現状は、業界の古くからの風習に縛られ、関係地内で共同購買するという発想が生まれていないのも事実です。ただ、これでは発展がありません。いまこそ、業界のニューノーマルをつくり上げていくことが必要です。

寡占化している状況の中で、一社で戦うのではなく、複数社でまとまって戦っていくことも、中小工務店の今後の生き残り戦略の一つになってくるのです。

多角化のその先にある、地域に根付く「1000年経営」の構想を立案

厳しい経営環境におかれる住宅会社は、さまざまな生き残り戦略を模索しています。各社がこぞって多角化を進めており、注文系ハウスメーカーの分譲市場の参入や、逆に分譲系ハウスメーカーの注文市場参入など争いが激化しています。分譲住宅とは、

建物と土地がセットになって販売されている住宅のことで、デザインや間取りなどの設計プランをビルダーが決めています。コストが抑えられるので、いま、大手ハウスメーカーはこぞって分譲住宅に注力しているのです。

分譲住宅で躍進しているのは、飯田グループＨＤでしょう。資本力を生かして積極的に土地を仕入れて、ローコストの住宅を大量に建て、販売するというビジネスモデルを徹底しています。

分譲住宅市場での重要なカギは、土地の仕入れにあります。より良いエリアで、できるだけ広い土地を購入するのです。住宅は基本的に画一的なものですから、これによって、低コストで大量に住宅を建てることができるようになります。

ただ、分譲住宅は低コストで大量に建てられますが、現場で施工する職人不足の問題があります。住宅業界の人手不足は深刻で、職人が全国的に足りていません。

そうした中で、たとえばケイアイスター不動産は積極的に外国人を採用しています。そして外国人であっても、日本人と同じ待遇で雇用しているのです。この効果は絶大で、人手不足で困っている工務店は、大いに見習うべきでしょう。

このように工務店各社が住宅市場で激しく競い合う一方で、大手ハウスメーカーを中心に進んでいるのが「多角化経営」です。

最も多角化に積極的なのが、大和ハウス工業です。海外進出も含め早期から多角化を進めており、売上ベース（2024年3月期）で見ると、戸建て住宅は全体の18％にとどまり、商業施設が23％、事業施設が24％などとなっています。

大和ハウス工業に追随する形で、いま、他の大手ハウスメーカーも多角化を積極的に進めているのです。


住宅市場が先細りになる中、この多角化経営は、大手だけではなく、地域の工務店も生き残り戦略として模索することが重要になるでしょう。

もちろん、地域の工務店が大手ハウスメーカーと同じようなことはできません。それよりも、地域の工務店にしかできないことを考えるべきだと思います。

地域の工務店は、その地域の住宅需要に応え続けていく責務があるでしょう。そうしたときに、地域にはそれぞれの特性があるので、地元の工務店だからこそ、その地域に寄り添える思いや細やかさや、またそのエリアの気候に適した住宅を提案することができるはずです。地元の県産材を使い、地産地消を進めながら地域経済に貢献することも可能でしょう。

そのような家づくりは、全国規模の大手ハウスメーカーにはマネのできない価値の提供ですし、大きな武器になります。

ただ、これまでと同じように住宅を設計して施工する、というだけのビジネスモデルでは、早晩、行きづまる可能性が高いかもしれません。いまのビジネスモデルからの転換、つまりは多角化を考えることが必要です。リフォームやリノベーションの領域を手がけるというのは、一つの方法として非常に有効だと思います。あるいは不動産事業に進出し、自前で土地を扱えるようにすれば、ビジネスの幅が拡がるでしょう。

自社のアイデンティティの再定義を

この多角化では、重要なポイントがあります。それは、自社のアイデンティティをあらためて定義し直すことです。

そもそもの工務店は「工務」、いわゆる設計から施工までのプロダクト側面と「店」、販売やアフターフォローなどのサービス側面から構成されます。会社の歴史により各社の得意・不得意や性格は分かれます。

とはいえ、地域の工務店は、いうまでもなくその地域、その地域経済と一蓮托生です。そこで経営を続けていくためには、地域に寄り添い、地域に根付くことが重要になります。そこにこそ、自社のアイデンティティを定義づける上でのヒントがあるように思えるのです。

たとえば、その地域での暮らしというものにしっかりと責任を持って、長年付き添える存在になっていくというアイデンティティがあり得るでしょう。

そうであるならば、前述したリフォームやリノベーションは非常に有効です。新築戸建てを販売して終わりではなく、子どもが巣立ち、家族形態が変わったり、オーナーが高齢になったりという、その時々のライフスタイルの変化に合わせて、長く寄り添うことができると思います。たとえば、解体業などの選択肢もあるでしょう。地域にて役目を終えた建物をスクラップして、次の世代に新しい建物をビルドする。足場は使いまわしですから利益率も高く確保でき、解体業で付随する上流の情報も取得できるでしょう。

また、地域にはさまざまな企業が存在します。業種も多様でしょう。その中で地域の工務店という業種が、他の会社と何が違うのかと考えたときに、それは、持っている個人情報の圧倒的な深さだと思います。

家を買う、建てるときには、そのための資金をどう手当てするのかが最大の問題になると思いますが、工務店は、施主の資金計画の相談に乗ったり、住宅ローンの審査を通すための情報をやり取りしたりするはずです。将来的なライフプランみたいなものや、今後の家族構成のイメージ、もう一人子どもがほしいとか、またはオーナー夫婦の両親がどこに住まわれていて、どのような暮らしをしているのかなど、ありとあらゆる個人情報を、住宅を建てるプロセスの中で吸い上げていきます。この深くて豊富な情報は、場合によっては地域の金融機関よりも多いかもしれません。

そういった地域の顧客の情報、深い情報を持っているからこそできる、サービスや提案というのは幅広いと思います。

ですから、単に多角化が大事だといって、やみくもに事業を立ち上げるのではなく、その地域の工務店として地域に長く寄り添っていけることが必要ではないでしょうか。あくまでアイデンティティに基づくべきで、そのアイデンティティを具現化するために、自社の強みをどう持たせて、多角化経営というものをデザインしていくのかを考えることが、非常に重要になってくるのではないかと思います。

こうした取り組みの先に、本当の意味で地域に根付き、地域に必要とされ、地域に存在し続けられる工務店としての「1000年経営」のようなものが構想されていくのではないかと考えています。

市場創造期を超える「スマートホーム」のキャズム突破へのジャンプアップ

近年、日本の住宅市場でも「スマートホーム」が普及しつつあります。スマートホームとは、IoTデバイスでスマート家電やスマートデバイスを一括管理する次世代型の住宅です。

そして、その家に住む人はIT技術に対応した住宅設備やスマート家電によって快適に暮らすことができ、インターネットによって外部とつながることで、さまざまなサービスを受けることができるようになっていきます。

欧米では、こういったスマートホームが広く普及しており、ドイツや米国では80%程度がスマートホーム化しているとされていますが、日本では現在、その普及率は30%程度といわれています。

一方、「HEMS（ヘムス）」も普及し始めています。

これは「Home Energy Management System（ホーム・エネルギー・マネジメント・システテ

ム）」の略で、家庭内で使用する電気機器の使用量や稼働状況をモニター画面などで見える化し、電気の使用状況を把握することで、消費者が自らエネルギーを管理するシステムです。

政府は、ＨＥＭＳを「これからの住宅の標準装備」としており、２０３０年までに、すべての住まいにＨＥＭＳを設置することを目標にしています。こちらは「エネルギー制御」をメインとするため、「スマートハウス」と呼ばれています。

このスマートホーム市場では、現在３つの大きな動きがあります。

一つ目は「メーカー主導型」の動きとなります。ＬＩＸＩＬやパナソニックといった住宅設備機器を扱うメーカーが、自社で製造したデバイスを中心に一元管理しようとする、「デバイスを売るためのハブとしての動き」です。

２つ目は、消費者に直接販売する家電メーカーによる「個別最適化としての動き」になります。こちらは消費者への露出も多いので、一般的に認知されている領域と考えられるでしょう。

そして３つ目で、私が今後メインストリームとなり得ると考えているのは、各メーカーのデバイスの操作を一つのアプリで一元化するスマートホームプラットフォーマーによる「メーカーに縛られることなく幅広い機器と接続される動き」です。

住宅設備機器メーカーは、もともと、玄関ドアやユニットバス、キッチンといった機器を取り扱っており、建物一棟におけるインシェアを高めるためにスマートホーム化を促進する動きがあります。

ただ、単一メーカーの商品群で構成されるため、住宅会社や消費者には、「自分たちでスマート家電やスマートデバイスを選ぶことができない」という問題が発生してしまいます。

また、各家電メーカーにおいても、自社のスマート家電〝だけ〟を販売しようと活動することから、家全体をどのようにコントロールし、全体最適としての快適性をどう追求すべきなのかを理解することが、非常に難しくなっているのです。

専業プラットフォーマーについては、まだ課題があるかもしれません。スマートホームには、スマート家電やスマートデバイスの導入が必要ですが、さまざまなメーカーから商品が販売されているため、その選択肢の多さと各メーカーによる個別最適化が、逆に全体的な普及の妨げになっているという指摘があるのです。管理が複雑になったり、ユーザーのUX（ユーザーエクスペリエンス）が悪くなったり、結局、効率化できないとか、生産性が上がらない、住みづらいということになってしまい、普及が思うように進まないといわれています。

そんな中、市場の動きとして、スマートホームが賃貸領域で進んでいます。なぜなら新築でもリフォームでも、スマートホーム化したほうが、賃料を上げやすく、リテラシーの高い若い世代が入居してくれるからです。

さらに、それに追随するような形で、2020年すぎからスマート化を前提にして企画・開発が進んでいた分譲マンションが次々と完工し、いま普及が急激に進む状況となりました。

これによってスマートホームは、マンション領域においても、大きな市場となってきたのです。

一方で、戸建て住宅の動きを見ると、新築物件に関しては、住宅購入者がイニシャルコストの上昇を懸念するほか、そのコストに見合うメリットがあるのかどうかに疑問を持ち、あまり前向きに検討されないという状況になっています。

ハウスメーカー側にも、スマートホームにすることで、実際にどのように生活が変わるのか、また、どんなメリットがあるのかということの整理がきちんとできておらず、営業での訴求が十分にできていないという実情があるのです。

また、ハウスメーカーの営業は「1棟売れたら、インセンティブとしていくら」という契約体系が主となるため、「スマートホームをわざわざ売る必要がない」という状況になっています。

このため、会社単位ではスマートホームを取り扱う意思決定がなされていても、現場レベルでそれが守られにくいという構造ができ上がるのです。

さらに、IoT機器メーカー縛りがあることで、ハウスメーカー側も「普段使っていない設備を使わなければいけない」といった窮屈さがあるのも事実でしょう。

スマートホームに伴うイニシャルコストの増加分は、機器にもよりますが、施解錠、センサー、スイッチ、電動カーテン、エアコンをスマートフォンでコントロールするといったものを入れるケースで、平均で約50万〜100万円とされています。

また、スマートホームはイニシャルコストに加え、導入するIoT機器のメーカーによっては、ランニングコストも考えなければなりません。IoT機器が故障したときにどれだけの金銭的負担になるのか、その責任は誰が持つのかという課題もグレーゾーンです。

特に住宅は、さまざまな設備から構成されているため、責任の所在の特定が非常に難しく、場合によっては、ＩｏＴ機器メーカー同士の責任のなすりつけ合いも起こり得ます。

スマートホーム普及に伴う健康増進への可能性

スマートホームの将来的な展望としては、セキュリティ対策や生活の快適性向上に基づく、健康増進に寄与するとの見方があります。

家の空調管理、お風呂の温度、就寝時間などすべての生活データをアプリで取ることができるようになれば、そのデータから健康に良い生活空間を生み出し、管理することが可能になってくるでしょう。さらに家の情報が、すべてデジタルで集約されることになれば、それがビッグデータとして活用され、予防医療につながる可能性もあります。また、外部とつながることで、これから新しく生まれるさまざまなサービスも利用することができるようになるでしょう。

結果として、「これまで当たり前だった生活の一つひとつのムダがなくなり、真の意味で快適性が享受される」と思われます。

スマートホームがキャズムを越えるためには？

地方分散型の住宅業界においては、まずは業界のオピニオンリーダーが動くような仕掛けが必要だといえます。そのために、メーカーに縛られないプラットフォーマーがどれだけ普及活動を行えるかが重要だと考えます。

賃貸での導入が進んでいるということは、近い将来、持ち家を検討する段階で「スマートホームが当たり前」という価値基準を持つ人が増えるということです。

その中で工務店が、スマートホーム普及に向けた準備を、いち早く、いまの段階から行うことは、生き残りの観点からも非常に重要となります。

そして、工務店の周辺プレイヤーが、スマートホーム向けのＩｏＴ機器を効率的に使えるサービスやアプリケーションを開発しているので、工務店にとっては、それらを利用することが解決策として有力になるでしょう。こういった周辺プレイヤーと協力することで、工務店はスマートホームを効率的に導入できると思いますし、それが一番の近道でもあると考えます。

いずれにしても、スマートホームはグローバルな潮流ですし、日本でも確実に普及していきます。

キャズム（深い溝）を越えたときに、市場から取り残されないためにも、いまから準備をしておき、来るべき日にジャンプアップできる体制を整えておくことが非常に重要となります。

“金融スキーム”のリノベーションによる、住宅購入の新しい在り方を模索

現在、新築住宅の価格高騰によって、家を購入したくても、希望の住宅が購入できない状況が生まれています。

特に、注文住宅はそうです。

そのためにハウスメーカーは、前述したように、より手ごろな価格で購入できる分譲住宅や規格住宅にシフトしています。

一方で、このことが引き起こす副作用が懸念されています。住宅メーカーが企業努力によって、住宅購入希望者が手の届く戸建て住宅を供給することは、購入者にとっては喜ばしいことである半面、そうした住宅は、実は資産価値が中長期的に維持されないという問題があるのです。

これは、空き家問題にもつながってきます。新築住宅偏重の流れの中では、自然、中古住宅に対する関心が低くなり、それが誰も見向きもしない、所有者がいない空き家となった瞬間に、その家の資産価値がゼロになっていくのです。

無価値なその古い家をどうやって処理するかということが、いま深刻な空き家問題になっているわけです。

従って、規格住宅や分譲住宅などの比較的安価な住宅が市場シェアを伸ばしていくという現在の動きは、さらに、空き家予備軍を増やしていくことにもつながりかねないということなのです。

しかしながら、本来は、こうではないはずです。

新しい住宅は、中長期的に資産価値が維持できるような、たとえば「長期優良住宅」といったものが流通していくことが望ましいといえます。

とはいえ現状では、価格がこれだけ上がってしまっているので、住宅購入を希望する人からすると、なかなか注文住宅には手が出せません。住宅ローンが組めず、購入を諦めざるを得ないケースが多いと思います。

だからこそ金融機関には、住宅ローンの種類を増やして、たとえば、本当の意味で、長期で資産価値が保たれる住宅であれば金利を引き下げるとか、またはリバースモーゲージや、場合によっては最終的に買い取るといったオプションをつけることによって、貸し出しの自由度を上げるといった金融スキームを構築してもらいたいものです。

こういった取り組みによって、地域に資産価値が長く保たれる住宅が多く流通するような仕組みをつくることは、十分にあり得るのではないかと思っています。

実際、大和ハウス工業は、ＪＴＩ（一般社団法人 移住・住みかえ支援機構）と金融機関が共同開発した「残価設定型住宅ローン」や「家賃返済特約付きフラット35」といった柔軟な住宅ローン商品を利用して、新築住宅を販売していくスキームをつくっています。

「家賃返済特約付きフラット35」というのは、住宅ローンの返済が困難になったときに、月々の返済額や期間を無理のないものに変更の上、一時的にマイホームを賃貸に出し、その家賃を返済に充てることができるという特約付きのフラット35です。

これによって、家の購入者は、家を手放すことなく、所有し続けることができるようになります。

地域金融機関を巻き込むことがカギ

こうした取り組みが地方の地域でもできるようになれば、地元に根付いてその地域に寄り添う経営をしている工務店が、住宅価格が上がりすぎて購入を断念するような地域の人々に対しても、高品質な住宅を提供することができます。

もちろん、そのためには金融機関の協力が不可欠です。ただ、いま地方の金融機関も経営が厳しくなっているのも事実です。

とはいえ、このままでは地域の経済は悪化するばかりで、人も離れていきます。従って、工務店と地域の金融機関が組んで、こうした新しい住宅購入のスキームをつくり、地域に良質な住宅を供給していくことを考えなければなりません。

それによって、地域に長く暮らし続ける住民が増えていき、地域活性にもつながっていくのです。そのために地域の工務店は、自ら金融機関に働きかけ、ファイナンス面から住宅購入支援の新たな仕組みを考えていかなければなりません。

簡単なことではありませんが、地域に根ざす工務店であればこそ、同じ地域の金融機関と協力することは可能だと思います。

いかに価格を引き下げて住宅を販売するかという発想ではなく、中長期の将来にわたって資産価値が維持されるような品質の高い住宅を流通させていくためにはどうすればいいのか、どんな仕組みが必要なのか、こういった発想が大切なのです。

これには、地域の不動産業者なども巻き込んでいくことも必要でしょう。

非常に困難な課題かもしれませんが、地域の工務店が中心になって、異業種とも組んでいろいろと知恵を絞れば、さまざまなビジネスチャンスが生まれてくるのではないかと思います。

さらに進む「住宅×テック」。現在地の状況を把握して、これからの対策を

住宅業界は、3重苦、4重苦にあえいでいると、再三、述べてきました。そこで各社はさまざまなＩＴツールやサービスを導入し、ＤＸによる生産効率の向上に努めて

います。

ただ住宅業界は、オペレーションやバリューチェーンが複雑で、土地の仕入れ、マーケティング、セールス、設計・施工、アフターといったものがあるのです。

従って、住宅業界向けのDXツールも、テック企業が各領域で多種多様なものを出しています（次ページの図11）。


たとえば、住宅の営業は非常に難易度が高く、土地の仕入れ、建物、住宅ローンの主要3分野のプロにならなければなりません。ですから一人前になるまでに相応の時間がかかります。

それをDXで解決するために、たとえば土地に関しては「土地BANK」というツールが活用できるでしょう。

これは、グーグルマップ上に過去5年以上のその土地の不動産情報がすべて出てくるというものです。

このツールを使えば、そのエリアの相場感や、過去にどういう物件が出ては消えていったのかなどがわかります。それを住宅購入希望者に見せれば、お客様により具体的な提案ができます。

図11　住宅業界DXカオスマップ

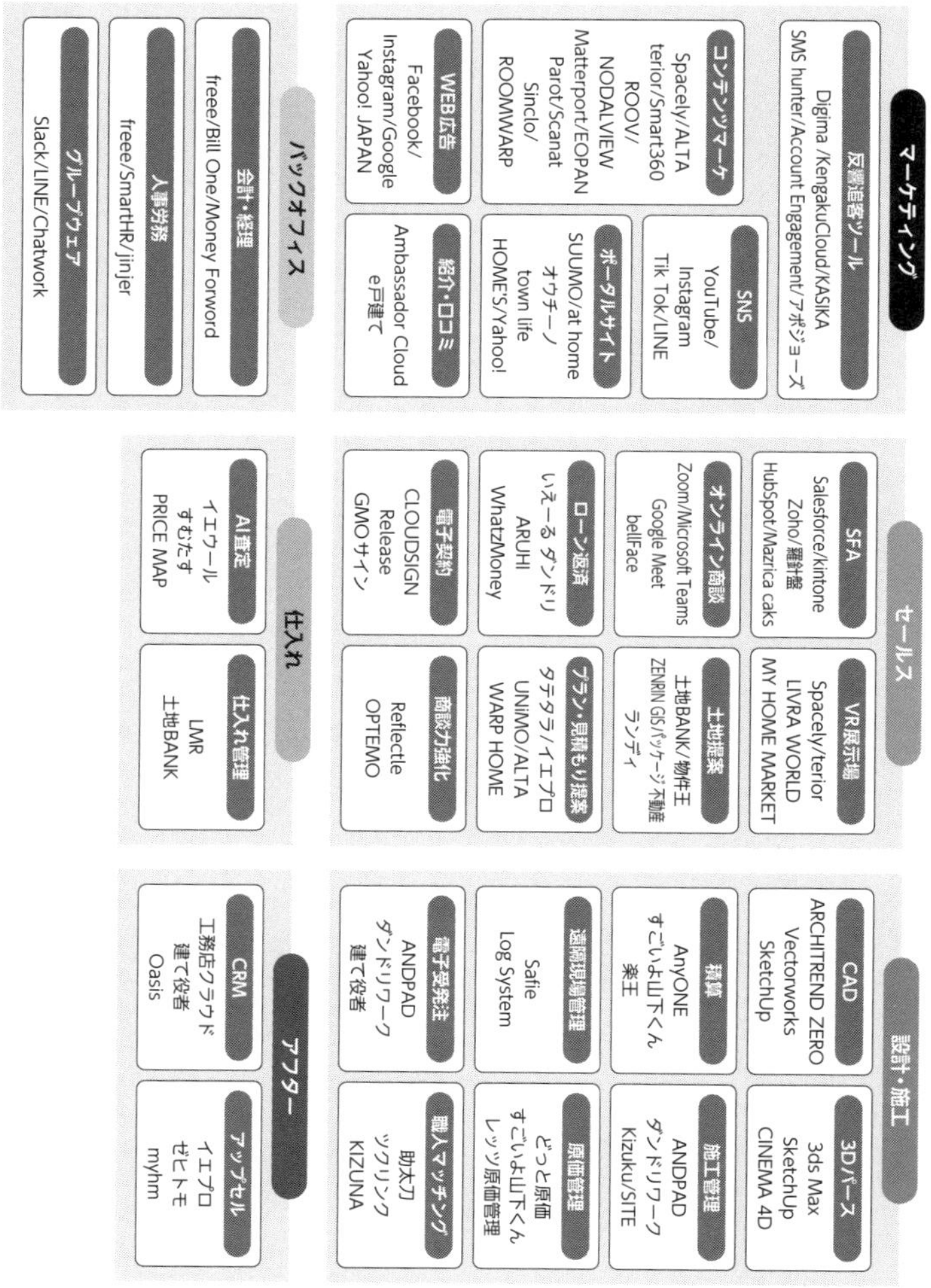

出典：リブ・コンサルティング「住宅業界DXカオスマップ（2023）」より引用

これまでは情報が可視化されていなかったので、いわゆる「青い鳥症候群」と呼ばれるように、もっと理想の土地があるのでは、もう少し待てばいい情報が入るのではという住宅購入希望者の要望に、ハウスメーカーの若い営業担当者が振り回されて、情報を不動産業者からかき集めるということが日常でした。

過去のデータに基づく提案ができるようになることによって、「お客様がご希望されるエリアで、過去5年には、こういった土地が出ていて、いまは、こんな土地が出ています。とはいえ残念ながら、お客様のご希望される条件にピッタリはまる土地は、過去5年間出てきていません。すべてのご希望そのままを叶えるのは難しいですが、似たような土地であればすぐにご紹介できますよ」という寄り添った提案が、Webブラウザを開くだけでできるようになるのです。

住宅ローンに関しても、たとえば「いえーる ダンドリ」という住宅ローン業務を効率化させる住宅ローン業務代行サービスがあります。

これは、住宅ローンオペレーターを多数抱えていて、住宅ローンオペレーターと住宅会社の顧客が専用アプリを使って、住宅ローンの相談ができるようになっています。全国ほとんどの金融機関の情報を持っているので、その顧客に最適な金融ローンを提案してくれます。

従来は住宅会社の営業担当者がそれをやっていたのですが、住宅会社も実際は、全国の金融機関の情報など持っていないので、地域の3つぐらいの地銀・信金の住宅ローン商品から選んで提案していました。それをすべてデジタル上で、専門家に任せることができるようになっています。


営業領域だけでなく設計や施工、アフターやバックオフィスなどバリューチェーンごとにある程度業界に最適化されたツールが開発・提供されており、それぞれの領域別に覇権争いが行われています。

領域ごとに差はあるもののある程度序盤戦は終了し、勝敗が見え始めてきている状況です。加えて中盤戦としての統合の動きに移行しているでしょう。

Chapter 04のポイント

1. 「業界平均に合わせる」ではない抜本的なPL・B/Sの改革。コストを半分に、回転率を倍に。柔軟な発想を

2. 多角化競争は、他社成功事例の模倣ではなく、自社のアイデンティティ追求により、中期的な持続性につなげる

3. スマートホームの市場創造期。自社利益で超えられないキャズムを、ユーザーフレンドリーな思想で超える

4. 金融スキームのリデザインで、目先の企業の売上ではない長期的な地方経済の発展モデルを三方良しで生み出す

5. 真のDX、SaaS戦争は一段落して統合フェーズに。次の10年に向けて生まれくるスタープレイヤーはどこか?

Chapter 05

いまこそ、「地方創生」ビジネスに挑戦する

壁にぶつかる「空き家ビジネス」を推進。金融機関を巻き込むことがカギに

このChapterでは、建設、不動産、住宅業界にとっての「地方創生」ビジネスについて考えていきたいと思います。

まず、このパートでは、これまでの不動産ビジネスにおいて、地方創生の大きな課題となっている「空き家」を、どう生かしていくべきなのかを考えてみましょう。

空き家の問題は、全国的に深刻化しており、現在、空き家は約900万戸あると推計されています。人口減少が続く中では、今後さらに増え、10年後には戸建て住宅の約3割が空き家になるという「大空き家時代」が到来するともいわれているのです。

そうした中、2023年末から空き家関連の条例が次々と改正され、管理不全空き家の防止や課税が強化されました。

これは、空き家を所有する方々に、重い負担となるでしょう。

ただ、空き家が増え続ける中で、空き家に関連するビジネスも増えています。地方

創生の観点からも「空き家ビジネス」は推進していくべきものでしょう。当社の試算では、空き家市場全体の市場規模は２０２３年の９兆１８８８億円から、２０３３年には12兆１７５２億円と約13・25％増加する見通しとなっています（次ページの図12）。だからこそ、考え方、進め方次第で、空き家ビジネスには有望な可能性があるともいえるのです。

しかしながら実際には、空き家ビジネスで利益を出して成功しているケースは数が多くありません。というのも、空き家ビジネスへの参入が増えるに従い、逆に空き家ビジネスの難しさが露呈しているのです。

そうした状況のために、空き家ビジネスに関心のあるプレイヤーも参入に躊躇したり、しばらくは様子見したりということになってしまっていて、空き家ビジネスは成長できずにいます。

空き家ビジネスはなぜ難しいのでしょうか。実は、単に「空き家ビジネス」とひと言でいっても多岐にわたるのです。

１６１ページの図13にあるように、空き家ビジネスには、「情報収集」「管理」「賃貸・

図12　今後の空き家市場の成長性

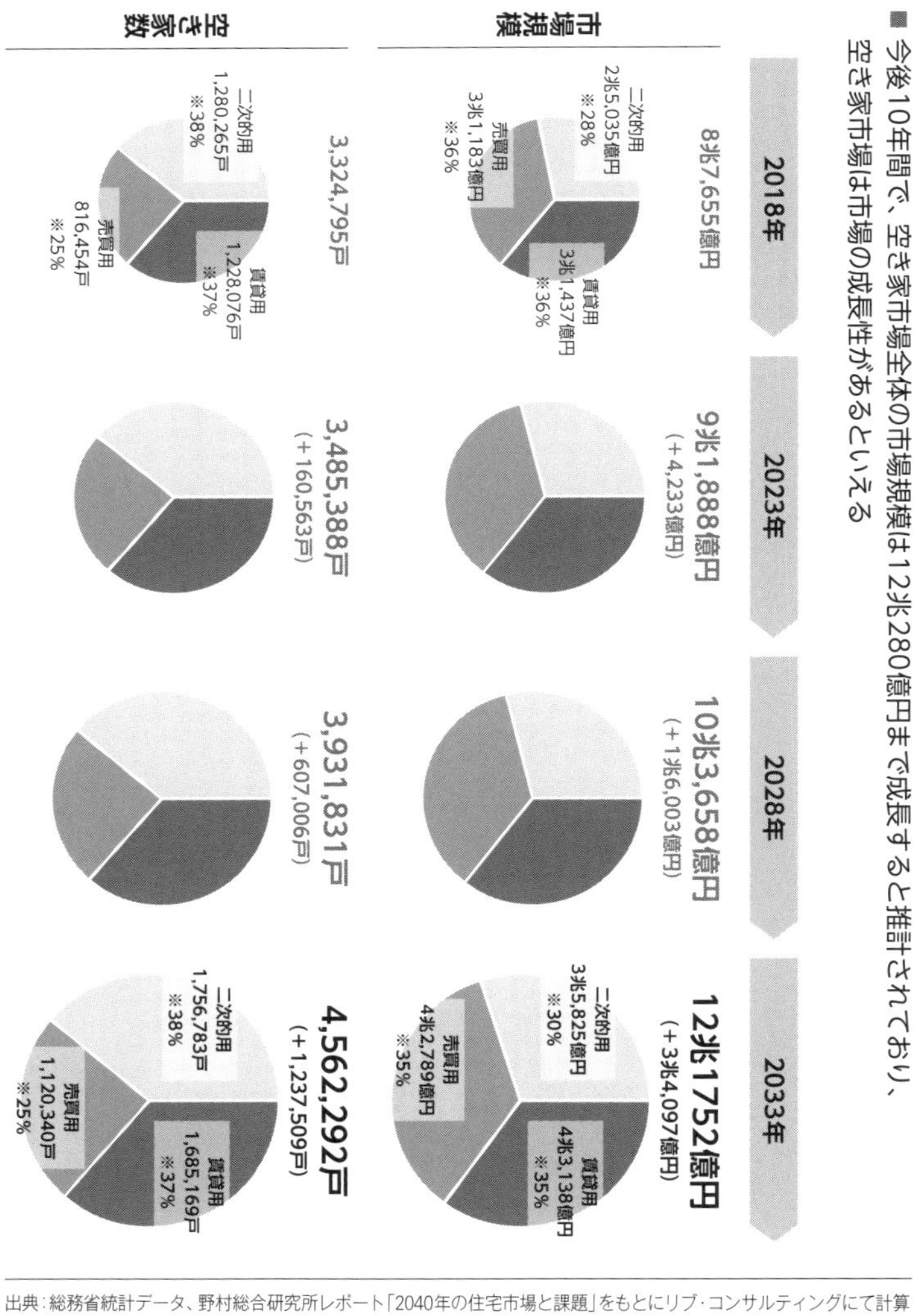

出典：総務省統計データ、野村総合研究所レポート「2040年の住宅市場と課題」をもとにリブ・コンサルティングにて計算

図13　空き家ビジネスのセグメント

カテゴリ	概要	サービス事例
①情報収集	独自のノウハウで空き家情報を収集	・AKIDAS ・空家対策総合ソリューション
②管理	空き家所有者に代わり定期的に保全やチェックを行い安全に管理	・実家のお守り ・Livness
③賃貸・サブリース	空き家を借り受け、必要に応じてバリューアップし、転貸	・アキサポ ・カリアゲJAPAN
④クラウドファンディング	空き家の利活用を目的としたクラウドファンディング	・ハロー！RENOVATION ・FANTAS funding
⑤売買・マッチング	売却を検討している人と購入を検討している人をマッチング	・アキカツ ・みんなの0円物件
⑥買取再販	既存の建物を買い取り、リフォーム工事等を実施した上で再販	・カチタス ・AlbaLink
⑦リノベーション	既存の建物の価値向上を目的としたリノベーション	・リノベ不動産 ・リノベる
⑧建て替え	既存の建物を取り壊し、新たに建物を建築	・トヨタホーム ・大和ハウス
⑨解体・マッチング	解体を検討している人と解体業者をマッチング	・解体の窓口 ・クラッソーネ
⑩空き家・空き地活用	利用していない空き家や空き地の有効活用方法を提案	・大東建託 ・空き家コンサルティング

出典：リブ・コンサルティング

サブリース」「クラウドファンディング」「売買・マッチング」「買取再販」「リノベーション」などといったセグメントがあります。

そして、図14で見るように、その中では大きく3つのビジネスモデルがあります。それは、「プラットフォーマー」「ワンストップサービス提供」「ピンポイントサービス提供」といったものになるでしょう。

プラットフォーマーは、空き家の情報を収集し、それを必要とする不動産会社や解体業者らに提供します。

ワンストップサービス提供は、空き家を仕入れてリフォームして中古住宅として販売やリースをします。ピンポイントサービス提供は、空き家所有者や空き家の利活用検討者らに情報を提供します。いずれのビジネスモデルも現状はまだ軌道に乗っているとは言い難い状況です。

空き家ビジネスに共通する最大の難しさは、情報収集にあります。

外観からすると空き家に見えても、本当に空き家なのかがわからない。仮に空き家だったとしても、所有者が誰なのか、いまどこにいるのかといった情報がなかなか取れないのです。その情報集め、情報の仕入れコストがかなりの金額になります。

そして、苦労して集めた情報を、次はその情報を求めている企業に販売することに

図14　空き家ビジネスパターン

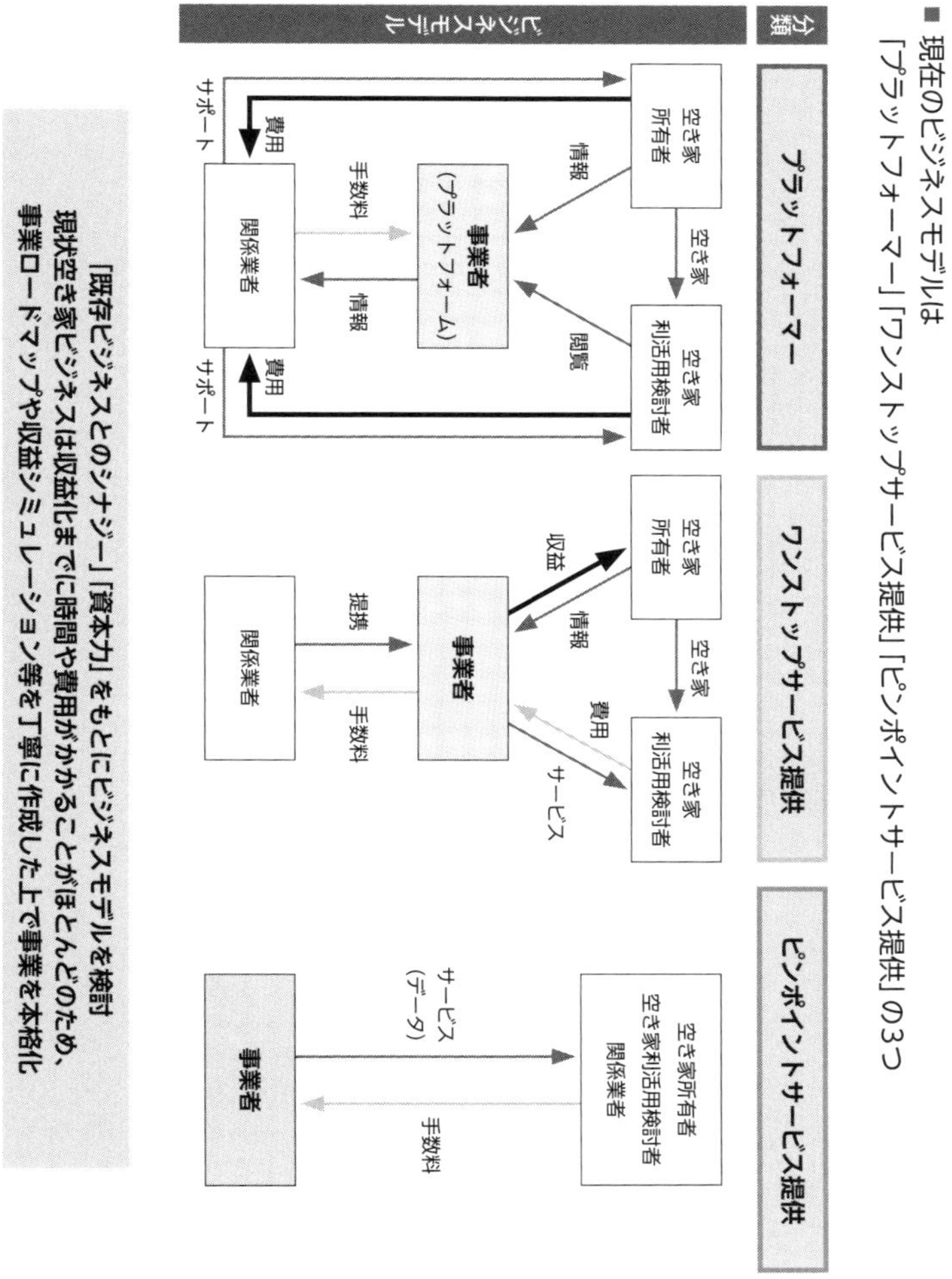
■ 現在のビジネスモデルは
「プラットフォーマー」「ワンストップサービス提供」「ピンポイントサービス提供」の3つ
分類
ビジネスモデル
プラットフォーマー
空き家所有者
空き家利活用検討者
事業者（プラットフォーム）
関係業者
情報
空き家
閲覧
手数料
情報
費用
サポート
ワンストップサービス提供
空き家所有者
空き家利活用検討者
事業者
関係業者
収益
情報
空き家
費用
サービス
提携
手数料
ピンポイントサービス提供
空き家所有者
空き家利活用検討者
関係業者
事業者
サービス（データ）
手数料
「既存ビジネスとのシナジー」「資本力」をもとにビジネスモデルを検討
現状空き家ビジネスは収益化までに時間や費用がかかることがほとんどのため、
事業ロードマップや収益シミュレーション等を丁寧に作成した上で事業を本格化

出典：リブ・コンサルティング

なりますが、そもそも空き家なので価値が低いため、その情報の対価もたいした金額にはなりません。

つまり、仕入れ値が高くて、売値が安いので、ビジネスとしては赤字になってしまうというのが、空き家ビジネスの最大の問題だといえます。

一方で、空き家の所有者にしても、活用したいけれども用途がわからないとか、売りたくない、自分で使いたい、いずれは売りたいなど、さまざまなケースがあります。また、その空き家のポテンシャルも、老朽化がかなり進んでいる家、まだ十分に活用できる家などさまざまです。

その所有者の意向と、空き家のポテンシャルによって出口戦略も変わってきます。賃貸に出せる家もあれば、売却して次の活用方法を考えられる家、老朽化しすぎてどうしようもない家など複雑です。そういう面でもビジネスを黒字ベースに持っていくのは至難の業といえるでしょう。

そうした中でも、ビジネスとして成立しているのが「買取再販」の領域です。これは、空き家を仕入れてリノベーションした後、「再生住宅」として販売する中古住宅再生事業になります。買取再販事業者の多くは、リノベーションコストを小さく抑え、空き家の中でも価値が高い物件を選別して流通を進めています。そのため売値が一定の価格でつくことが多く、仕入れのノウハウを蓄積することができれば、利益を出すことができるのです。ただし、買取再販事業者の仕入れ対象となる空き家は全体の一部であり、空き家問題の本質的な解決を目指す上では、他の手法のビジネス化も検討していく必要があります。

ＫＬＣという会社は、「価値のない不動産はない」という考えのもと、地方の空き家や放置された山など、先ほどの買取再販業者とは逆に、不動産のプロにも価値がないと見放されてしまった不動産を取り扱う「フィールドマッチング」というサイトを運営しています。実際このサイトでは、すでに１５０件以上もの成約が生まれているのです。これは、従来の不動産会社の基準では計れない価値を、市場が求めている可能性があるということを暗示しているのではないでしょうか。

いずれにしても空き家ビジネスは非常に難しく、特に情報収集にコストがかかりすぎるという問題があります。

現在は、各サービス提供者がそれぞれ独自に情報収集している状態です。しかしながら、その空き家ビジネスの入り口の部分（情報収集）を、ワンプラットフォームにできれば、各社の情報仕入れコストが下がり、ビジネスとして成り立つようになる可能性が大きくなるでしょう。

このためには、各産業界は連携していく必要があるといえます。

空き家ビジネスのカギは金融機関

空き家ビジネスを考えるときに、カギを握るのは、実は金融機関ではないかと私はみています。それは、空き家の情報に最も近い距離にいるのが、金融機関だからです。

これまで、空き家の情報を一番多く持っているのは行政だと考えられていました。ただ行政は、空き家になった後に、その情報を登録してもらうという仕組みになっています。そうすると空き家になってから登録までに時間が生まれますから、たとえば親が亡くなった後、家を相続した親族も面倒くさくて登録しないとか、いつか登録するつもりのまま忘れて放置するということが起きやすくなるのです。

それに対して金融機関の場合は、たとえば親が亡くなった場合、預貯金の問題などで、その情報を瞬時に正確にキャッチします。つまり、ある家が空き家になるであろう瞬間を確実に押さえられるのは、実は金融機関なのです。

ですから、地域の金融機関が空き家情報をキャッチしたら、その情報を適切に提供できる仕組みがつくれれば、それは非常に価値があるものとなります。

これは地域の建設、不動産、住宅業界にとってもビジネスチャンスになるでしょう。たとえば地域の3つの業界の事業者が協力して、空き家に関するプラットフォームを立ち上げ、そこに、キーパーソンとして地域の金融機関を巻き込んでいくのです。

金融機関からすると、プラットフォームに情報提供することで手数料が得られます。建設、不動産、住宅業者はリフォーム、リノベーション、家の建て替え、土地の売買を行うなど必要なソリューションを提供できます。金融機関はそうした事業に対して貸し付けもできると思います。

さらに、空き家を再生した住宅を購入したい人の立場でも考えてみましょう。

こういった物件を買い取る場合は、新築に比べればかなり安いですが、それでもそれなりにまとまった資産が必要になります。そこで、地域の金融機関が率先して融資するようになってくれれば、購入しやすくなるでしょう。キャッシュで買える人ばかりを対象にすると、中古物件の流通は活性化しないのです。

空き家を取得する際の金融的サポートについては、すでに大手信販会社が空き家ビジネスの会社と組んで、空き家に特化したローンサービスを提供しています。また、起業家支援と空き家をセットで考える自治体や金融機関も出てきているのです。

このような金融商品を地域の金融機関にもつくってもらえれば、空き家の流通がより活発になるのはもちろん、関係人口の増加にもつながると思います。

こういった施策によって、空き家ビジネスに関わる地域の事業者がすべてウィン・ウィンの関係が構築でき、地域経済が活性化、地方創生にもつながっていくことが期待されます。是非、推進してもらいたいものです。

ビジネス推進のために、自治体との連携を。そのポイントは「対話」にアリ

建設、不動産、住宅業界の事業者が地方創生に関わるビジネスを展開しようとするときに、官民連携は不可欠です。

自治体は医療や福祉、高齢者、環境、子育て、教育、空き家対策といった多くの深刻な課題に直面しており、DXやスマートシティといった新しい時代に合わせた改革

やチャレンジも進めていかなければならない状況にあります。

これらの複雑で解決のスピード感が求められる課題への対応には、民間の力が必要であることは明白です。

国としても官民連携の推進に力を入れており、実際に自治体レベルで官民連携型のさまざまな形のプロジェクトが全国各地で盛んに行われ、多くの優良事例が生まれています。


しかし、こうした自治体と民間企業の連携の可能性は、民間企業に十分に伝わっていないことが多く、また民間企業からすると、自治体からの一企業に対する連携やサポートのイメージが湧かずに、自ら自治体に近づくことができない場合がほとんどなのです。自治体からすると、通常の行政サービスの提供では解決しない課題のソリューションがわからず、さらに民間企業の力で新しい解決方法があるかもしれないという期待はあっても、民間企業が持っている技術やリソースを把握していなかったり、街づくりに熱意のある地域の企業と出会うきっかけがないことから、一歩を踏み出せないケースも多いです。

一方、民間企業にしても、そのミッションは、いずれも自社の利益を追求するものですから、自治体がしようとすることを理解しにくいといったこともあるのです。

だからこそ大事なのは、「対話」になります。

まずは、想いを持った官と民が出会うことが官民連携のポイントです。これが、地域活性化を進めるための第一歩になるのではないでしょうか。実際に私もそういった場に立ち会う中で、さまざまな「想いの出会い」を目にしてきました。そしてその先で、市町村のビジョンをお互いに描くことで、さらなる強固なパートナーシップが組めるようになると信じています。


空き家問題についても、自治体は空き家の情報を真摯に集めようとするけれども、結局は集め切れず、また、集めた情報をどのように活用していけばよいのかわからないといったことで困っていることがよくあるのです。

だからこそ、民間企業からのアイディア出しやサポートの提案が必要となります。自社の利益獲得だけではなく、市町村をどうしていきたいのかという観点で、自社ができることをイメージして、自治体や大学までも巻き込んで、まずは自治体と話す機会を設けていくことを考えるのが大切でしょう。こういったことから始めることによって、空き家問題は大きく前進すると考えています。

地に足がついたSTにより拡がる選択肢、スマートシティ構想を推進する

いま、全国各地で進められているのが「スマートシティ」です。スマートシティとは、デジタル技術を活用して、都市のインフラや施設運営業務の効率化を図り、企業や消費者のQOL（生活の質）や利便性、快適性の向上を目指す都市のことになります。ただ、現在進んでいるこのような取り組みは「まずは、経済振興から始めよう」という視点で、たとえば地域の観光資源を生かしたツーリズムの取り組みなどを活発に推進しているように思えるのです。しかしながら、これはどちらかというと、地域のブランディングをしようとする要素を強く感じます。

本来は、地域が抱える課題や地域が描くビジョンに向き合って進むことが、地方創生につながり、その一環として、スマートシティもあるはずです。

従って、ツーリズムに力を入れるということは、「本質的にその地域のあるべき、ありたい姿」に進んでいるのか、こういった疑問を感じざるを得ません。

地域の活性化、地方創生は、その地域の課題を解決するような街づくり、人が集まる魅力的な街のデザイン、多岐にわたる生活問題へのソリューションをするようなスマートシティという方向に進まないと、実現は難しいはずです。

そもそもスマートシティとは何かを考えたときに、その根底には、その地域の想いや歴史みたいなものを紡いで、次の世代にしっかりと渡していくということだと私は理解しています。

そのためには、その地域に住まう理由みたいなものに真剣に向き合わなければならず、それは何かを深く考えなければなりません。

過疎地域の人口減少問題の解決を目指した地域活性化の「聖地」として有名なのが徳島県の神山町です。ここでは、過疎化の現状を受け入れた上で、外部から若者やクリエイティブな人材を誘致することで人口構成の健全化を図るとともに、多様な働き方が可能なビジネスの場としての価値を高め、農林業だけに頼らない、バランスの取れた持続可能な地域を目指すという取り組みを展開しました。

地域の人たちの想いをベースに、民間主導で始まった取り組みが関係人口の増加を実現していく中で徐々に拡大し、山奥の町を丸ごとＷｉ－Ｆｉがつながる先進地域に変える取り組みにつながったのです。

河原の石の上でPCを広げて仕事をする人の写真が出回り、大自然のどこでもワーケーションができる町として有名になった結果、ＩＴ企業や行政機関の誘致に成功しました。最終的には、「神山まるごと高専」という町全体を教育のフィールドにテクノロジー×デザイン×起業家精神を育てる新しいタイプの高専が開校し、15～19歳の転入人口が突出するという異次元の地方創生を実現したのです。

これは、「自然の中で働きたい」「暮らしたい」という人にターゲットを絞り、課題を解決しながら関係人口を増やしていくということを、町のデザインとして進めていったものです。

ですので、たとえば東京のコンサルティング会社などが地方創生コンセプトをつくり、「こうすればビジネス的に成功します」というような提案を、言われるままに受け入れたものではありません。短絡的な手法では、地域創生は、一過性のイベントで終わってしまいます。

そうではなく、本質的にその地域がどうなるべきなのかということを、しっかりと地域の人が練り込み、考えながら進めていくことが必要なのです。

地域の課題解決、またはビジョンを基軸にした町のデザインやスマートシティ構想を推進していくためには、この姿勢が重要となるのです。

セキュリティ・トークンの活用を

一方で、地方創生において、間違いなく一つのカギになるのが、「セキュリティ・トークン」だと考えています。

セキュリティ・トークンは不動産業界の話でも触れましたが、ブロックチェーン技術を活用して資産をデジタル化した金融商品（有価証券）のことです。

この不動産セキュリティ・トークンを活用した不動産分野での資金調達法を「不動産ＳＴＯ（セキュリティ・トークン・オファリング）」と呼びます。

近年、自治体、地域住民、企業が連携し、持続可能な地域づくりを進める新しい形として、街づくりファンドによる資金調達で遊休不動産をはじめとした地域資源を利活用するタイプの取り組みが広まっています。

神奈川県・鎌倉市では、歴史的・文化的にも貴重な「旧村上邸」が市に寄贈され、市も地域住民もこの価値ある建築物を大切にしたいという想いはあるものの、歴史ある建物だからこそ資金面や運用管理上の課題が多く生まれ、悩みを抱えていました。

この旧村上邸を再生するために、不動産投資ファンドを民間企業に委託して組成した結果、鎌倉市民を中心に多くの投資家から出資が集まり、旧村上邸は市民・行政・企業の三者がつながる共創拠点として生まれ変わりました。

こういった官民連携のファンドにより、自治体・地域事業者・地域でチャレンジする人・地域金融・関係人口・大企業など、地域に関わる人を増やし、全員を巻き込むような地域活性化の新しいエコシステムが広まっています。


これまでは不動産クラウドファンディングを用いて、こういった取り組みが行われてきましたが、急速に成長した不動産クラウドファンディング業界にはさまざまなプレイヤーが参入し、玉石混淆の商品が溢れ、投資家の保護のための業界のルールメイキングが求められている状況です。今後、さらにセキュリティ・トークンが広まれば、より安心して、しかも気軽に、地域住民が直接街づくりに関わることができるようになる可能性が生まれると期待されています。

現在、地域のアウトレットモールのような商業施設に対して、セキュリティ・トークンで一口10万～100万円といった金額に小口化し、投資家を集めて、不動産事業を展開する動きが出てきています。

今後は、こういった動きが、街づくりにも活用されていくはずです。発想としては、ある村や町の所有権を小口化して、投資家から資金を集めて、スマートシティを推進していくといったものになるでしょう。

町を運営しているのは、その町を大切に思う投資家の集まりともいえますから、このような動きが生まれれば、その町を活性化して盛り上げていこうという機運が高まります。

町の財政がうんぬん、予算がどうのということだけではない、価値ある資金集めができ、街づくりに生かせるようになるのです。

資金面ではこれまでは金融機関に頼る以外の方法がなく、街づくりで何かしたくても実現できなかったものが、不動産クラウドファンディングやセキュリティ・トークンで、その地域に想いがある人たちが投資をすることによって、よりその自由度が生まれてきます。そうすると、その地域らしい在り方というものが実現されてくるのではないかと思います。

地域課題解決を基軸とした町のデザインやスマートシティ構想の推進において、セキュリティ・トークンの活用は大きな可能性があると考えています。

Chapter 05のポイント

1. 止めてはならない空き家ビジネスの波。儲からない→撤退というバッドシナリオは10年後、戸建ての3割を空き家に

2. 収益性が低いからこそ自社完結型の空き家ビジネスはハードモードに。それぞれの腹の裏を読んだ連携をすべし！

3. 多くの自治体でトップイシューの空き家問題。官民双方の偏見が生み出す大きな溝を埋める対話と想いを

4. はりぼての虚像やペーパーではなく、真の価値に向き合うことで生まれる地域のビジョンとデザインを突き詰める

5. 想いを乗せて、なめらかに流れる資金が、地方におけるストーリーと自由を見出す街づくりを加速させる

産業を超えてつながり、〝想い〟を共有することで自信を持ってバトンを次の世代へ

建設、不動産、住宅の各業界が抱える課題を洗い出し、その解決策、そして今後の展望について、私なりの考えや見解を述べてきました。

とても大事なことは、日本のGDPの2割以上を占めるこの巨大な産業には、それぞれに歴史があり、そして想いがあり、過去からのバトンを受け継いで、いまがあるということです。人々の暮らしのすべての基盤となるこの産業は、あらゆるビジネスの物理的なインフラとなっています。

山積みされた課題ばかりを記載しましたが、だから云々ということではなく、それだけ大きな変革機会（＝ビジネスチャンス）が存在しているということです。従来の在り方に限界を迎えつつあるこの産業には、変革の必要性も出てきています。そして、いまの我々には次の世代にバトンを渡すための使命があるということです。

現在、業界内では厳しいニュースを聞くことのほうが多い状況です。ただ、悲観的になるのではなく、前向きに外部環境の変化を捉え、みんなで手を取り合って新たな

産業にアップデートをしたいと心の底から考えています。

そこには、業界の外からの協力もあるでしょう。民間の枠を超えた、産官学のオープンなイノベーションも必要でしょう。世代や立場を超えた協創や対話も必要です。日頃、いろいろな方と話をしている中で、不思議と「変わらないほうがいい」という方に出会ったことがありません。むしろ皆さん、変わったほうがいいと感じています。

一方で、「それは誰かがやってくれること」であり、自分たちは享受する側に回っているのだと感じます。これではレガシーでアナログな業界はアップデートしていかないでしょう。小さな一歩を踏み出せるきっかけをつくっていきたいと考えています。

そして、そんな中でもイノベーターは存在します。血を流しながら挑戦を続けています。我々も当事者として変革に挑みながら、想いの火種のつながりを大きな変革の炎に変える。そんな取り組みを私自身も進めていきます。

次の世代に自信を持ってバトンを渡していく、その景色を皆さんと一緒に見たいと考えています。

２０２４年12月吉日

株式会社リブ・コンサルティング

パートナー　篠原健太

株式会社リブ・コンサルティングとは?

中堅・ベンチャー企業に対する経営コンサルティングの中で蓄積された事業開発ナレッジを、企業規模・業界問わずさまざまなクライアントへ展開している。

世の中を変えていく気概、そしてビジョンを持つ企業を、独自に「インパクト・カンパニー」と定義して、継続的な事業成長・発展を支援しながら、世の中へのインパクトと貢献を追求していく。

変化が激しく、不確実な時代において、多くの企業でビジネスの転換が急務である中、事業開発領域においては、成長発展企業だけでなく大企業においても、企業の未来からともに考え、新しい事業の形を考案していく。

市場に対する洞察、クライアントとの緊密な協働により、企業の持つアセットを最大限に活用し、机上の空論で終わらず、実行まで伴走し、継続的にすぐれた業績につながるように支援を行っている。

住宅・不動産クロスイノベーション事業部

住宅・不動産・建設業界の企業に対する経営コンサルティングを展開し、企業のエリア・規模・業態を問わず年間常時約200社を支援する、国内最大級の業界特化型コンサルティング部門から立ち上がった部門。

経営層のみならず、営業現場や建設現場に10年以上入り込んだ伴走型の支援によって蓄積された、業界の深いインサイトの理解やナレッジ、ネットワークを活用して、本業界に参入を試みるSaaSやプラットフォームなどの新規ソリューションの事業開発やグロースを支援。

業界出身のエキスパートが多数在籍。徹底した1次情報の取得と成果実現への泥臭いコミットメントを強みとする。

机上の空論で終わらない革新性・実現可能性の高い事業構想の立案、そして絵に描いた餅で終わらない0→1のPoC伴走、1→10の事業グロース伴走により、ベンチャー企業や大手企業の新規事業部門とともに、業界の垣根を越えた前例のない成果を多数実現している。

著者紹介

篠原健太

住宅・不動産クロスイノベーション事業部　パートナー

株式会社リブ・コンサルティング入社後、最年少でパートナーに就任。創業当初から培った業界特化のアセットを活用し、国内最大級の住宅・不動産・建設領域の新規イノベーション創出部門を立ち上げ・統括。住宅・不動産・建設領域の新規イノベーションに対する知見が深く、「住宅業界DXカオスマップ」の公開や業界向けオンラインDX展示会、産官学連携の建設・不動産業界向け大型サミットの開催などを主導する。アナログマーケットの特性を理解しながら、レガシーな業界慣習をアップデートすべく、業界内外のプレイヤーのハブとなり、産業の枠組みを超えた変革を促進している。

株式会社リブ・コンサルティング「事業紹介」&「各種レポート」のご紹介

以下の2次元コードからアクセスください。

株式会社リブ・コンサルティングが展開する事業や、発信しているレポートを確認することができます。

「建設業界」×「不動産業界」×「住宅業界」

Innovate for Redesign

～産業構造を変革し、次世代型ビジネスの実現を～

2024年12月20日　第1刷発行

著　者　篠原健太
発行者　鈴木勝彦
発行所　株式会社プレジデント社
〒102-8641
東京都千代田区平河町2-16-1 平河町森タワー13階
https://www.president.co.jp/　https://presidentstore.jp/
電話　編集 03-3237-3733
　　　販売 03-3237-3731
販　売　高橋 徹、川井田美景、森田 巌、末吉秀樹、大井重儀

構　成　田之上 信
装　丁　鈴木美里
組　版　清水絵理子
校　正　株式会社ヴェリタ
制　作　関 結香
編　集　金久保 徹

印刷・製本　株式会社サンエー印刷

本書に掲載した画像の一部は、
Shutterstock.comのライセンス許諾により使用しています。

ISBN978-4-8334-5258-8
Printed in Japan